水土保持功能价值评估研究

水利部水土保持监测中心　组织编写

王海燕　鲍玉海　贾国栋 等　编著

中国水利水电出版社
www.waterpub.com.cn

·北京·

内 容 提 要

　　水土保持功能价值评估是建立和完善水土保持补偿机制、开展区域水土保持成效评估和区域生态环境状况评估的重要基础。本书借鉴国内外生态服务价值评价理论和经验，在水土保持功能及其价值理论分析的基础上，提出水土保持功能价值评估的指标体系和测算模型，并在全国 8 个水土保持一级分区、29 个二级分区、35 个三级分区选取典型进行测算，为探索全国水土保持功能价值评估提供基础。

　　本书适合水土保持行业的管理人员、科研人员、大专院校学生和其他对水土保持功能价值评估领域研究感兴趣的同仁阅读和参考。

图书在版编目（ＣＩＰ）数据

　　水土保持功能价值评估研究 / 王海燕等编著 ；水利
部水土保持监测中心组织编写. -- 北京 ： 中国水利水电
出版社，2019.12
　　ISBN 978-7-5170-8340-5

　　Ⅰ．①水… Ⅱ．①王… ②水… Ⅲ．①水土保持—评
估—研究 Ⅳ．①S157

中国版本图书馆CIP数据核字 (2019) 第296103号

书　　名	**水土保持功能价值评估研究** SHUITU BAOCHI GONGNENG JIAZHI PINGGU YANJIU	
作　　者	水利部水土保持监测中心　组织编写 王海燕　鲍玉海　贾国栋 等　编著	
出版发行	中国水利水电出版社 （北京市海淀区玉渊潭南路 1 号 D 座　100038） 网址：www.waterpub.com.cn E - mail：sales@waterpub.com.cn 电话：(010) 68367658（营销中心）	
经　　售	北京科水图书销售中心（零售） 电话：(010) 88383994、63202643、68545874 全国各地新华书店和相关出版物销售网点	
排　　版	中国水利水电出版社微机排版中心	
印　　刷	天津嘉恒印务有限公司	
规　　格	170mm×240mm　16 开本　9.75 印张　185 千字	
版　　次	2019 年 12 月第 1 版　2019 年 12 月第 1 次印刷	
定　　价	**48.00 元**	

本书编委会

主　　编：王海燕

副 主 编：鲍玉海　贾国栋

编写人员：田风霞　李进林　徐文秀　杨　玲　王万君

前　言

　　水土资源是生态之基、安身之本、发展之要，保护和合理利用水土资源是建设生态文明、保持经济社会可持续发展的前提和基础。自中华人民共和国成立以来，尤其进入新时期以来，党和国家把生态文明建设提到了发展战略的高度，投入了大量人力、财力和物力，我国水土流失防治工作取得了巨大成就。但是，历史欠账太多，加之经济社会发展需求促动生产建设活动对水土资源的大规模、高强度开发利用，导致水土流失防治形势依然严峻，防治投入远远不能满足防治需求。

　　生态补偿是以保护生态环境、促进人与自然和谐为目的，根据生态系统服务价值、生态保护成本、发展机会成本，综合运用行政和市场手段，调整生态环境保护和建设相关各方之间利益关系的一系列政策制度。水土保持生态补偿作为生态补偿的有机组成部分，对调动相关各方解决水土流失防治问题具有重要意义。随着《中华人民共和国水土保持法》在2010年的重大修订，在国家法律层面确立了水土保持生态补偿制度，水土保持生态补偿框架基本确立，补偿范围、补偿机理、补偿对象、补偿方式等要素基本确定，关于为什么补、谁补偿谁、采取何种方式等问题基本明确，但是关于补偿额度的测算还未建立起一套权威的、普遍认可的评价指标体系和测算模型。自2005年以来，水利部水土保持监测中心开始关注水土保持补偿额度的测算问题，开展了系列专题研究，为水土保持生态补偿实践、水土保持生态文明建设工作提供了重要支撑。

　　本书基于水利部水土保持监测中心、中国科学院水利部成都山地灾害与环境研究所、北京林业大学等共同开展的水利部2016—2018年财政专项"水土保持补偿基础工作"项目成果和近年来水土保持功能价值理论探索与实践经验撰写而成，详细介绍了水土保持功能价值评估理论基础，提出了水土保持功能价值评估指标体系和评价模型，实际测算了全国8个水土保持一级区43个典型县的水土保持功能价值，进一步丰富和完善了水土保持功能价值评估和水土保持生态补偿理论体系。借此抛砖引玉，供相关理论研究、政策制定、水土保持功能价值评估实践参考和借鉴。

本书编写提纲拟定于2016年10月，成书于2019年6月。全书共12章，前言、第1章、第2章、第3章由水利部水土保持监测中心王海燕撰写，第4章、第5章、第6章由北京林业大学贾国栋撰写，第8章由北京林业大学贾国栋、北京水保生态工程咨询有限公司王万君撰写，第7章、第9章、第10章、第11章由中国科学院水利部成都山地灾害与环境研究所鲍玉海、田凤霞、李进林、徐文秀、杨玲和北京水保生态工程咨询有限公司王万君撰写，第12章由王海燕、鲍玉海、贾国栋撰写。全书由王海燕统稿。

本研究在开展过程中，得到有关专家和同仁的悉心指导，在此表示诚挚的感谢。本研究成果仅测算了区域水土保持功能中的保护水土资源、防灾减灾、改善生态价值，测算结果小于实际价值。由于水平和阅历的限制，书中难免有疏漏和不妥之处，以及受实际监测站点条件、人员和调查人员差异形成的数据偏差进而导致测算结果与实际情况可能偏差，敬请批评指正。

作　者

2019年7月

目　录

第 1 章

导　论

1.1　研究背景

"一方水土养一方人"，水土资源是生态系统从低等到高等不断演替的物质基础，人类社会的生存发展与水土资源的状况有着密不可分的关系。在影响人类生存发展的众多自然因素中，一个结构稳定、匹配和谐、良性循环的水土资源系统必然承载着复杂多样、稳定高级的生态系统，为人类社会发展提供类目繁多的自然生态产品和服务；反之，相互对立、互为干扰、不断恶化的水土资源系统则必然伴随着低等简单、不断退化的生态系统，不仅不能承载人类社会的正常发展，还可能引发倒退，甚至危及人类社会生存。因此，人类经济社会可持续发展必然要求水土资源系统保持良性循环并不断向更高级别演替。

在生态文明这一新的发展阶段出现之前的漫长岁月里，人们对人与自然关系的认知经历了无知—探索—教训—不断改善的曲折发展过程，终于从对抗、征服、改造升华到人与自然和谐与共的状态。在一次次遭遇大自然的报复和不断觉醒中，人们对自然资源的利用方式也从掠夺式开发转变为保护性利用。对水土资源利用也从无序、过度、大规模破坏性开发利用逐步转变为保护与利用相互协调的合理开发。但是，历史欠账太多，造成我国当前水土流失依然比较严重的局面，水土流失综合治理任务十分艰巨。不仅如此，我国大部分区域自然地理条件很容易诱发形成水土流失，以及庞大经济体和社会体的发展对水土资源开发利用的规模和强度不断提高，将水土资源的保护置于更大的困难之中。简单地说，就是保护水土资源的投入十分有限，单纯依靠国家财力完全不能满足当前治理与保护的需求。为破解这一难题，众多专家学者根据国际生态环境保护经验和国内森林、河流水质保护实践，提出了水土保持补偿的对策，通过水土资源保护的受益者向保护者付费、水土资源损毁者向受影响者付费的方式，激励保护行为和遏制破坏行为，从而积聚更多财力、物力和人力投入水土资源保护中。

自 20 世纪 80 年代以来，国内学者和水土保持行业管理部门分别从理论和实践两个层面对水土保持补偿进行了积极的探索。在理论层面，国内学者重点关注水土保持补偿的理论基础、补偿方式与实现途径、政策措施等热点问题，并开展了相关研究，初步提出了全国水土保持补偿机制的理论框架，主要包括预防保护类、治理类和生产建设类等三类水土保持补偿，明确了各类水土保持补偿机制的补偿主体和对象、补偿方式、额度测算方法、政策建议等要素。在实践层面，20 世纪 80 年代初国务院颁布的《水土保持工作条例》（1982 年）关于对水土保持设施等损坏赔偿的规定，被看作水土保持补偿制度的雏形。《中华人民共和国水土保持法》（2011 年）提出了水土保持效益补偿和生产建设项目征收水土保持补偿费的规定，随后财政部、国家发展改革委、水利部和中国人民银行联合颁布《水土保持补偿费征收使用管理办法》（财综〔2014〕8 号），并出台有关征收标准的配套管理办法，各省出台相关文件进一步细化了相关规定，从法律层面确立了水土保持补偿制度，在全国针对生产建设项目征收水土保持补偿费，专项用于水土流失预防和治理。水土保持补偿费制度的实施，在预防和减轻人为水土流失、保护生产建设项目区及其上下游、周边地区生态环境以及提高生产建设单位相关人员保护水土资源意识等方面都发挥了重要作用。

但是，在实际执行中，由于还没有建立一套适合我国当前实际的、权威的补偿标准定价指标体系和测算模型，导致水土保持补偿费在实际征缴中还受到一些困扰。一方面，目前执行的补偿标准主要依据相关行业补偿标准、水土保持重点治理投入标准、各类生产建设单位行业发展水平等宏观指标确定的，缺乏依据区域水土保持功能价值的定量化标准支撑，生产建设单位关于水土保持补偿费标准合理性的争论一直都未停止；另一方面，《中华人民共和国水土保持法》第三十一条规定了要建立水土保持生态效益补偿机制，并纳入国家生态补偿制度体系，即针对区域间、流域间水土保持效益享用和付费的补偿机制，被称为横向水土保持补偿，也由于定价模型的缺失未能有效开展。同时，水土保持功能在区域生态系统功能占据的份额、水土保持工作对国家生态文明建设贡献率等的评价也缺乏定量化指标的有效支撑。因此，为制定科学合理的水土保持补偿标准，推动水土保持补偿深入开展，亟待开展水土保持补偿标准定量化方面的系统研究。

有鉴于此，本书在借鉴国内外生态服务价值研究成果的基础上，依据水土资源保护和利用特征、不同水土流失类型区自然地理特征，结合国家水土流失动态监测工作成果，开展水土保持补偿标准定量化研究，为制定科学合理的水土保持补偿标准提供重要支撑，促进水土资源最大限度地得到保护和合理利用，推动水土保持在国家生态文明建设中发挥重要作用。

1.2 研究主要内容、目的和意义

1.2.1 主要内容

本研究在国内外关于水土保持功能、生态系统服务价值评估等理论研究成果的基础上，构建水土保持功能价值评估指标体系，建立水土保持功能价值评估模型，并测算研究典型的水土保持功能价值。主要内容包括以下3个方面。

1. 构建水土保持功能价值评估指标体系

在准确分析水土保持功能及其影响因素基础上，构建水土保持功能价值评估指标体系框架。在此基础上，结合当前经济技术发展水平和本研究可获取数据的考量，提出一套在水土保持学术界、生产实践部门以及相关行业普遍认可的、可操作性较强的水土保持功能价值评估指标体系。

2. 建立水土保持功能价值评估模型

借鉴国内森林、草地、农业等服务价值评估经验，建立基于统计数据、监测数据和遥感数据的集成评价模型，充分反映水土保持核心功能及其衍生的其他功能，兼顾水土保持功能真实空间分布情况，较为客观地描述水土保持功能提供的各类服务，确定水土保持功能物质量与价值量的评价方法。

3. 测算水土保持功能价值

根据全国水土流失类型区一级分区成果，在东北黑土区、北方风沙区、北方土石山区、西北黄土高原区、南方红壤区、西南紫色土区、西南岩溶区、青藏高原区等8个类型区，分别选择3～4个典型县，利用实地调查、全国水土流失动态监测等方式获取的数据，对典型县水土保持功能价值进行测算，在此基础上测算区域水土保持功能价值，进而推算全国水土保持功能价值。

1.2.2 研究目的

1. 进一步完善水土保持功能及其服务价值理论

通过开展研究，分析水土保持功能内涵、作用机理、影响因素等。以水土保持功能及其提供服务功能为出发点，提出水土保持功能服务评价的指标体系，借鉴国内外比较成熟的生态服务功能价值化方法，构建水土保持功能价值化评估模型，进一步丰富和完善水土保持功能及其价值化评估理论。

2. 为全面开展水土保持生态补偿提供技术依据

生态补偿是调动社会各方积极投入生态环境保护的重要手段，是生态文明制度建设的重要内容。水土保持生态补偿作为生态补偿的重要组成部分，对吸引社会力量参与维护区域水土保持功能、防治水土流失具有重要意义。水土保持生态补偿机制建立的基本准则是"谁受益、谁补偿"，受益多少是决定补偿额度的关键因素。开展水土保持功能价值评估工作，测算受益者的受益多少，据此确定补偿量以及补偿合理性，切实推动水土保持补偿制度实施，在国家生态文明建设中发挥重要作用。

3. 进一步完善水土保持区划制度

2015 年，发布《全国水土保持区划（试行）》，为开展水土流失分类治理提供了重要基础。水土保持功能是划定水土保持区划三级分区的主要依据。但是，现有区划成果只能定性描述三级分区的水土保持功能，如涵养水源、固持土壤、保护和改善人居环境等，对每个分区蕴含的水土保持功能量的多少还没有测算。因此，开展水土保持功能价值评价，测算各级、各类水土保持功能区的价值量，为进一步完善水土保持区划制度，推动水土保持生态文明建设和管理提供依据。

1.2.3　研究意义

开展水土保持功能价值评价工作，采用定量评价和价值化方法，明确界定出区域水土保持功能提供服务价值量，实现了对区域水土保持功能从定性描述到定量化测算、从抽象到具体的重大转变，为建立水土资源损害赔偿制度、水土保持生态补偿制度以及划定水土保持功能保护红线提供了清晰、可测的重要依据，推动生态文明制度进一步完善。

1. 为进一步完善生态文明建设制度体系提供支撑

水土资源是生态系统重要的基础资源，水土保持工作是生态文明建设的重要组成部分。开展区域生态系统水土保持功能价值评价，测算区域生态系统水土保持功能价值，掌握不同尺度区域水土保持功能动态变化趋势，分析区域水土保持对维护和提高生态系统功能的贡献值，为建立和完善生态补偿制度、划定生态保护红线提供依据，促进生态文明制度体系进一步完善。

2. 为水土保持生态建设科学决策提供依据

实施水土流失综合预防和治理，需要在全面掌握水土流失发生与发展变化情势、摸清风险点和有效防控点的基础上，根据国家生态文明建设总体战略，制定水土流失预防和治理决策，科学布局水土流失预防和治理措施。开展水土保持功能价值评价，对区域水土保持功能及其提供服务价值进行定量化分析，为客观判定区域水土保持功能与生态环境状况以及确定区域水土保持与生态保护决策提供科学依据。

3. 为探索编制水土资源资产负债表提供基础

水土资源是自然资源的重要部分。开展水土保持功能价值评价工作，评价一定经济社会发展水平下的水土保持功能状况，分析区域经济社会发展对水土资源的影响，反映经济社会发展对水土资源的消耗和生态效益，为探索编制水土资源资产负债表制定区域生态保护和经济社会发展决策、政府开展生态文明建设绩效考核评估等提供依据。

4. 为科学评价水土保持生态建设成效提供依据

我国水土流失严重，党和政府投入大量人力、物力和财力开展水土流失预防和治理。目前，国家投资开展的有全国水土保持重点建设工程、全国坡耕地水土流失综合治理专项工程、国家农业综合开发水土保持项目、京津风沙源治理项目等，取得显著效益。开展水土保持功能价值评价，为定量评价这些工程产生的生态效益、经济效益、社会效益提供依据，为国家进一步实施大规模水土保持工程以及提高工程实施效果提供依据。

1.3　研究技术路线

1.3.1　总体框架

依据《中华人民共和国水土保持法》关于水土保持功能的规定及其配套的《水土保持法释义》的定义，水土保持功能指水土保持设施、地貌植被所发挥或蕴藏的有利于保护水土资源、防灾减灾、改善生态、促进社会进步等方面的作用。本研究在大量查阅文献资料的基础上，借鉴国内外先进的经验和研究成果，结合我国水土流失特点、水土保持现状，界定出水土保持功能价值的概念。以水土保持功能的内涵分析为切入点，提出水土保持核心功能和衍生功能的概念，采取自上而下的方法构建水土保持功能价值的评估框架，包括系统层、目标层和准则层，在此基础上，构建水土保持功能评价指标体系。

采用生态经济学计量方法，结合实际调研情况，分析水土保持功能评估各个指标之间的逻辑关系，建立水土保持功能价值评价模型。按照国家水土保持区划一级分区、适当考虑二级分区和三级分区，以及全国水土流失动态监测站网分布概况，选取典型县，收集有关典型县 2016 年度的土壤、水文、气象、产流、产沙等观测资料，测算典型县水土保持功能价值，进而推算至全类型区，再从 8 个水土保持一级分区水土保持功能推算出 2016 年度全国水土保持功能价值。在测算结果进行讨论分析的基础上对完善国家水土保持生态补偿机制、加快推进水土保持补偿制度实施提出对策建议。

1.3.2 典型区（县）筛选

1. 筛选原则

本研究采用典型研究法，对典型县的筛选主要遵循以下原则：

（1）区域代表性。充分考虑全国自然地理、气候条件以及人类活动等特征，依据《中国水土保持区划》确定典型县，对水土保持一级分区全覆盖，二级分区基本覆盖，适当考虑三级分区差异，确定水土保持功能价值评估的典型县。

（2）功能主导性。按照《中国水土保持区划》对三级分区确定的功能特征、功能的重要程度，同时考虑县域面积在三级分区中分布比例较大且三级分区功能是该县域的主导生态功能等因素确定研究典型。

（3）可操作性。典型县的气象、地理、土壤、植被、水文等自然地理和土地利用类型、农业生产资料价格等经济社会发展等方面的基本数据可以通过查阅文献资料、公共网络平台等获取。同时，结合全国水土流失监测网络布局，可以采集区域产流和土壤流失量等数据，便于水土流失物质量和功能价值量的统计分析。

2. 筛选结果

根据上述原则，本研究选择了44个典型县，其中东北黑土区4个、北方风沙区3个、北方土石山区10个、西北黄土高原区7个、南方红壤区8个、西南紫色土区3个、西南岩溶区4个、青藏高原区5个，涉及29个二级区、35个三级区，具体见表1-1。

表1-1 典型县筛选结果

水土保持一级区		水土保持二级区	水土保持三级区	典型县名称
名称	面积/万 km²			
东北黑土区	109	东北漫川漫岗区	东北漫川漫岗土壤保持区	黑龙江省宾县
				黑龙江省嫩江县
				黑龙江省海伦市
		大兴安岭东南山地丘陵区	大兴安岭东南低山丘陵土壤保持区	内蒙古自治区扎兰屯市
北方风沙区	239	北疆山地盆地区	天山北坡人居环境维护农田防护区	新疆维吾尔自治区乌鲁木齐县
				新疆维吾尔自治区克拉玛依市
			伊犁河谷减灾蓄水区	新疆维吾尔自治区伊犁哈萨克自治州

水土保持一级区		水土保持二级区	水土保持三级区	典型县名称
名称	面积/万 km²			
北方土石山区	81	辽宁环渤海山地丘陵区	辽河平原人居环境维护农田防护区	辽宁省台安县
		燕山及辽西山地丘陵区	燕山山地丘陵水源涵养生态维护区	北京市延庆区
				天津市蓟县
				河北省丰宁满族自治县
		太行山山地丘陵区	太行山东部山地丘陵水源涵养保土区	河北省易县
			太行山西南部山地丘陵保土水源涵养区	山西省平顺县
		泰沂及胶东山地丘陵区	鲁中南低山丘陵土壤保持区	山东省泰安市
				山东省蒙阴县
				山东省莱芜市
		豫西南山地丘陵区	伏牛山山地丘陵保土水源涵养区	河南省鲁山县
西北黄土高原区	56	宁蒙覆沙黄土丘陵区	阴山山地丘陵蓄水保土区	内蒙古自治区固阳县
		晋陕蒙丘陵沟壑区	晋西北黄土丘陵沟壑拦沙保土区	山西省方山县
			延安中部丘陵沟壑拦沙保土区	陕西省宝塔区
				陕西省安塞区
		汾渭及晋城丘陵阶地区	汾河中游丘陵沟壑保土蓄水区	山西省阳曲县
		晋陕甘高塬沟壑区	晋陕甘高塬沟壑保土蓄水区	甘肃省西峰区
		甘宁青山地丘陵沟壑区	宁南陇东丘陵沟壑蓄水保土区	甘肃省环县
南方红壤区	124	江淮丘陵及下游平原区	太湖丘陵平原水质维护人居环境维护区	江苏省溧阳市
		大别山-桐柏山山地丘陵区	桐柏大别山山地丘陵水源涵养保土区	安徽省霍山县

水土保持一级区		水土保持二级区	水土保持三级区	典型县名称
名称	面积/万 km²			
南方红壤区	124	江南山地丘陵区	浙皖低山丘陵生态维护水质维护区	安徽省歙县
			赣中低山丘陵土壤保持区	江西省泰和县
			湘中低山丘陵保土人居环境维护区	湖南省衡东县
				湖南省隆回县
		浙闽山地丘陵区	浙东低山岛屿水质维护人居环境维护区	浙江省苍南县
		南岭山地丘陵区	岭南山地丘陵保土水源涵养区	广东省五华县
西南紫色土区	51	秦巴山地区	大巴山山地保土生态维护区	湖北省秭归县
		武陵山地丘陵区	湘西北山地低山丘陵水源涵养保土区	湖南省永顺县
		川渝山地丘陵区	四川盆地北中部山地丘陵保土人居环境维护区	四川省南部县
西南岩溶区	70	滇黔桂山地丘陵区	黔中山地土壤保持区	贵州省遵义县
			滇黔川高原山地保土蓄水区	贵州省关岭县
		滇北及川西南高山峡谷区	川西南高山峡谷保土减灾区	四川省盐边县
		滇西南山地区	滇西南中低山保土减灾区	云南省双柏县
青藏高原区	219	柴达木盆地及昆仑山北麓高原区	柴达木盆地及昆仑山北麓高原区	青海省共和县
		若尔盖-江河源高原山地区	三江黄河源山地生态维护水源涵养区	青海省河南蒙古族自治县
		羌塘-藏西南高原区	羌塘藏北高原生态维护区	西藏自治区申扎县
		藏东-川西高山峡谷区	藏东高山峡谷生态维护水源涵养区	云南省香格里拉县
		雅鲁藏布河谷及藏南山地区	藏东南高山峡谷生态维护区	西藏自治区巴宜区
合计	949	29	35	43

8

1.4 评估的理论基础

1.4.1 马克思主义价值理论

根据马克思关于价值的学说："自然界和劳动一样也是使用价值（而物质财富本来就是由使用价值构成的）的源泉"。"一个物可以是使用价值而不是价值。在这个物不是由于劳动而对人有用的情况下就是这样，如空气、处女地、天然草地、野生林等。"李龚君（1999）认为："价值在其原始意义上是与人的感性需要相联系的，是使用价值，即物对人的有用性。"[1]李金昌（1995）认为："价值表现为主体与客体之间的一种需要与被需要的关系，也就是说，主体有某种需要，而客体恰能满足这种需要，对主体来说客体就具有价值。生态价值来源于天然生成和人类创造两个方面。"[2]据此对水土保持功能价值做出注解，狭义的水土保持功能价值是指区域生态系统中有利于人类的水土保持效用，广义的水土保持功能价值是指区域生态系统创造的有利于人类的水土保持效用以及水土保持工作对人类的积极作用。水土保持功能价值的大小主要取决于水土保持功能的稀缺性和开发利用条件，即所处区域状况、生态系统类型等都对其产生影响。本书就水土保持功能价值的广义概念进行讨论。

1.4.2 生态价值评估理论

20 世纪 60 年代以来，随着经济社会发展，由于自然资源的部分不可再生性、有限性、时空分布不均等原因引发的资源稀缺性问题凸显，促使人们重新认识生态系统服务价值，推动生态价值评估理论和方法逐步发展成熟。生态价值评估理论主要包括生态价值分类和生态价值评估两部分内容。

美国环境经济学家 Krutilla 和 Fisher 将生态价值分为经济价值和非经济价值两大部分，为生态价值分类建立了基础[3]。Boland 和 Freeman 提出了较为完整的分类框架[4]。生态价值分为使用价值（use value）和非使用价值（non-use value）。其中，使用价值分为直接使用价值（direct use value）、间接使用价值（indirect use value）和选择价值（option value）；非使用价值分为存在价值（existence value）和遗赠价值（bequest value）。

价值评估最重要的是确定价值的表现方法，一般根据评估目的不同选择不同的表示方法，如货币、能值或商品等来代替价值。水土保持功能具有价值，但其无法通过直接市场交易来实现。开展水土保持功能价值评估，把不能直观体现的水土保持功能价值用直观的货币、能值或者商品等方式表达出

9

来，便于开展投资效益评价、损益分析等，为水土保持相关决策工作提供支撑。

1.4.3　级差地租理论

马克思认为，地租是土地所有者凭借土地所有权获得的收益，这里的土地泛指陆域、水域和空域的光、热、水、气等物质的总称。根据地租产生的原因和条件不同，将地租分为三类，即级差地租、绝对地租和垄断地租。级差地租是由产品的个别生产价格低于社会生产价格的差额，包括等量资本同时投在质量不等的同量土地形成的差额（级差地租Ⅰ）和连续追加在同一土地上所造成的不同劳动生产率形成的差额（级差地租Ⅱ）。根据级差地租理论，区域自然地理条件不同，土壤、水、空气、生态系统种类等不同，形成了水土保持功能的级差地租，即水土保持功能价值的不同。

1.4.4　生态补偿理论

生态补偿理论的关键在于生态系统的公共产品性质认定。按照微观经济学的公共产品理论，自然资源或生态系统的受益人在合法利用自然环境资源过程中，对自然资源所有权人或生态保护者应支付相应的费用，避免自然资源过度使用，同时激励更多人保护自然资源，以保障自然资源永续利用，推动整个生态、社会、经济可持续发展。区域水土资源是典型的公共产品，为保障水土资源可持续利用，水土资源保护的受益人应当向水土资源的保护人付费，也就是说向水土资源的保护人提供补偿。

第 2 章

国内外生态系统服务价值评估进展

生态系统是指在自然界一定的时间和空间内，生物与无机环境构成的统一整体，是地球系统的重要组成部分，也是地球系统中最为活跃、与人类活动最为密切的生物圈的核心。人类很早就意识到生态系统的重要服务功能，中国古代园林的营建反映了人们对森林生态系统保护村庄和居住环境作用的朴素认知，美国自然保护主义者 George Marsh 于 1864 年在其著作 *Man and Nature* 中初步描述了自然生态系统对人类的影响。19 世纪末、20 世纪初，随着全球生态环境问题的突显，人们更深刻地认识到自然资源并非"取之不尽、用之不竭""大规模、高强度扰动破坏势必付出沉重的代价"，随着"环境无价"观念逐渐被"环境有价"的理念所取代，生态保护的理念逐渐形成，生态服务价值也逐渐成为全球生态学领域的研究热点。

1974 年，Ehrlich 和 Holdren 提出"全球环境服务"的概念，指出生物多样性的丧失将直接影响全球环境服务功能的发挥。此后，随着生态系统结构、功能及其生态过程的深入研究，生态系统服务的概念和内涵不断得到完善与发展。1981 年，Ehrlich 对"环境服务""自然服务"等相关概念进行了整理，提出"生态系统服务"的概念。[5]1997 年，Daily 在 *Nation's Services：Societal Dependence on Natural Ecosystem* 一书对生态系统服务给出具体定义，即"生态系统服务是指自然生态系统及其物种所提供的能够满足和维持人类生活需要的条件和过程"，这一定义目前被普遍接受。[6]同样也是在 1997 年，Costanza 等在 *Nature* 上发表了名为"全球生态系统服务和自然资本的价值"一文，指出生态系统产品（如食物）和服务（如废弃物处理）是指人类直接或间接从生态系统功能中获得的收益，并且将产品和服务两者合称为生态系统服务，及生态系统服务是指人类从生态系统功能中获得的收益。[7]

生态系统服务价值评估通常是指采用价值化方法将生态系统为人类提供的各类服务进行货币化定量的过程。[8]生态系统服务价值评估主要有两个关键环节：一是服务定量化，主要是在对生态系统服务进行分类的基础上，对每类服务进行定量化测算；二是运用价值化方法为服务量赋予价值，测算出当前经济技术条件下生态系统服务的价值。目前，国内外研究主要是围绕这两个内容开展。

2.1　国外研究进展

国外学者主要是在 Paul Ehrlich 和 Daily 研究的基础上，改进和细化了生态系统服务分类并对每类服务进行量化，在此基础上引入价值化方法，估算得出生态系统服务价值的货币值。

2.1.1　生态系统服务分类

关于生态系统服务分类，国际上较有影响的分类方法主要有以下几个。

（1）1997 年，Daily 提出把生态系统服务分为三类，即提供生产生活物质、支持生命活动、提供精神享受，具体包括 13 个功能，即净化（空气、水质）功能、调节（洪涝）功能、降解（废物和有毒物质）功能、培育（土壤和土壤肥力）功能、传播（作物和蔬菜花粉）功能、防御（农业害虫）功能、扩散（种子和养分）功能、维持（生物多样性）功能、防护（紫外线）功能、稳定（气候）功能、维护（适当温度和风力）功能、创造（多种文化）功能和美学（刺激）功能。

（2）1997 年，Costanza 等将生态系统服务分为 17 项功能。具体包括气体调节、气候调节、干扰调节、水源涵养、水供给、侵蚀控制和保持沉淀物、土壤形成、养分循环、废物处理、传粉、生物控制、避难所、食物生产、原材料供给、基因资源、休闲、文化等。

（3）2005 年，千年生态系统评估（Millennium Ecosystem Assessment，MA）报告基本上采用了 Costanza 关于生态系统服务的观点，并在 Costanza 有关生态系统服务分类的基础上，将生态系统服务分为供给（provisioning）、调节（regulating）、文化（culture）和支持（supporting）服务四大类。其中：①供给服务是指人类从生态系统获取各类产品；②调节服务是指人类从生态系统过程的调节作用中获取收益，包括净化空气、调节气候、调节水资源、调控侵蚀、调控授粉和调控疾病等；③文化服务是指人们通过精神满足、认知发展、思考、消遣和美学体验等非物质收益，包括文化多元性、精神和宗教价值、知识体系、教育价值、美学价值、消遣与生态旅游等；④支持服务是生态系统提供供给服务、调节服务和文化服务所必需的基础性服务，包括光合作用、初级生产、土壤形成以及养分循环和水分循环。

可以看出，生态系统服务从雏形到 MA 分类已经发展得十分完善了，基本涵盖了生态系统的各个方面，该分类法得到全球大多数生态学家的广泛认可，当前开展的生态系统服务评估主要是在 MA 分类基础上根据区域特征修改完善的。

2.1.2　生态系统服务量化方法

生态系统提供的服务种类多样，有可以直接量测的，也有无法直接量测、只能通过间接测算反映，每类服务量的测算方法不尽相同。对生态系统服务量化的方法主要有直接统计法和替代统计法。

1. 直接统计法

直接统计法主要是针对可以统计或测算的生态系统服务类型，如生产农林牧业产品、自然资源等物质产品，采取直接统计的方法对服务量进行计量和测算。另外，净化空气、调节气候、调节水资源、调控侵蚀、授粉和调控疾病等类服务，可以采取跟踪监测等手段获取有关统计数值进行量化，也属于直接统计法的范畴。

2. 替代统计法

对不能直接统计的生态系统服务类型，如文化价值、精神满足、教育价值等精神层面的服务，以现有的技术经济条件无法量化，一般采取替代统计法，利用与之相关联的可测指标来对该类服务量进行计量和测算。例如，通常采用游客数量以及消费等对生态系统提供的旅游服务进行量化，就属于替代统计法的范畴。

2.1.3　生态系统服务价值化方法

生态系统服务价值化过程实质上就是对生态系统提供的服务价值标准和价值增值来衡量的过程。现有生态系统服务价值研究中，主要采取货币计量生态体系服务价值。近年来，随着能值分析法的提出和逐步完善，能值也成为计量生态系统服务价值的一种方式。

1. 货币评价法

货币评价法是对生态系统服务货币化，即采用货币表现的价值量对应生态系统服务的价值量，简单地说，就是以一定的货币量表征生态系统服务的价值。通常采用计量经济学法，具体包括以下方面：

（1）费用支出法（expense method）。该法是从消费者的角度评价生态服务功能价值的，即通过人们对某种生态服务功能的支出费用来表示其经济价值。

（2）市场价格法（marketing value method）。该法是通过生态产品或服务的市场价格对生态系统服务价值评估。市场价格法既适用于评估在市场交换的生态系统服务，也适用于没有交换但有市场价格的生态系统服务。采用该方法的前提是定量评价生态服务功能的物质量，根据这些物质量的市场价格来评估其经济价值。

（3）影子价格法（shadow price method）。影子价格是指依据一定原则确定的，能够反映投入物和产出物真实经济价值、市场供求状况、资源稀缺程度，使资源得到合理配置的价格。通过影子价格赋予生态系统服务价值，反映社会经济处于某种最优状态下的生态系统服务的稀缺程度，有利于资源最优配置。

（4）旅行费用法（travel cost method）。旅行费用法是通过人们的旅游消费来对生态系统服务价值进行评估的方法。该方法出发点是：理性的人们评价的森林游憩价值至少不低于他们在森林游憩的花费（如汽油消耗、汽车消耗和时间消耗等），因此旅行费用法的核心是确定消费者剩余，即净支付意愿。

（5）享乐价格法（hedonic price method）。依据人们对优质环境的享受所支付的价格来推算生态系统服务价值的一种估价方法。该方法认为，财产价值包含所处环境质量的价值。如果某地房屋和土地与其他地方都相同，但人们愿意支付更高价格，则除去造成价格差别的所有非环境因素后，剩余价格差别可以归结为环境因素所致。

（6）条件价值法（contingent valuation method）。条件价值法也就是通常所说的问卷调查法、意愿调查评估法、投标博弈法等。从消费者角度出发，在一系列假设前提下，通过调查、询问、问卷、投标等方式来获得消费者对该类生态系统服务的净支付意愿，可得到其经济价值。

（7）避免成本法（avoiding damage method）。通过对因生态系统服务避免的损害价值评估赋予生态系统服务价值。

（8）影子工程法（shadow project method）。用人工建造一个替代工程来代替生态系统服务功能，人工建造工程的价值即为生态系统服务价值。

2. 能值评价法

能值评价法是美国生态学家 H. T. Odum 在 1987 年首创的，是在传统能量分析基础上创立的一种新的生态-经济系统研究理论和方法。依照该方法，把不同种类、不可比较的能量转化为统一的单位——太阳能焦耳，依据同一标准的能值来衡量和分析，综合分析系统的能量流、物质流、货币流等，得出一系列反映系统结构、功能和效率的能值分析指标，从而定量分析系统的功能特征和生态、经济效益。

2.1.4　主要测算模型

近年来，不同学者采用不同方法将全球生态系统对人类福利的贡献进行了价值评估，并逐渐认识到生态系统服务功能的空间异质性对总价值估算的影响，开展了以遥感数据、社会经济数据、GIS 技术等为数据和技术支持的生态系统服务功能评估探索，形成了以物质转换法、价值当量法等市场理论为基础的生态系统服务价值间接测算模型。

1. 物质转换法模型

该模型主要通过基础数据利用模型或算法转换为最终物质量后进行价值评估的方法。这些模型或算法只需要输入必要的基础数据和参数，即可输出生态系统最终服务价值量或生态系统服务价值的空间分布结果。目前，国际上涌现出 InVEST、ARIES、MIMES、SolVES 和 ESValue 等生态服务价值测算模型（表 2－1），其中，InVEST 模型应用最为广泛。

表 2－1　物质转换法测算模型[8]

测算模型	模 型 功 能	应 用 情 况	输出尺度
InVEST	借助土地利用、环境因子、社会经济等数据，评估包括生物多样性、碳储存、水土保持等多种生态系统服务的物质量和价值量，对陆地、淡水及海洋生态系统服务价值进行评估，能够实现动态及可持续评估	美国、中国、澳大利亚、印度尼西亚、非洲等多个国家和地区得到了广泛应用	全球、国家、区域、景观或局地尺度
ARIES	通过人工智能和语义建模，结合相关算法和空间数据等对碳储量和碳汇、美学价值、雨洪管理、水土保持、淡水供给、渔业、休闲、养分调控等八项生态系统服务进行评估和量化	该模型处于进一步完善和发展中，仅适用于美国、拉丁美洲和非洲部分地区	全球、国家、区域、景观或局地尺度
MIMES	考虑时间动态，整合现有生态系统过程模型用于人类圈、生物圈、大气圈、水圈和岩石圈 5 个部分的生态系统服务功能模拟，并通过输入输出分析方法从经济上对生态系统服务功能进行估算	软件结构复杂，依赖参数众多，模块处于开发完善阶段，目前应用较少	全球
SolVES	由生态系统服务功能社会价值模型、价值制图模型、价值转换制图模型 3 个子模型组成，主要用于评估和量化美学、生物多样性和休闲等生态系统服务功能社会价值，评估结果以非货币化价值指数表示	应用较少，在美国、澳大利亚局部地区得到应用	区域、景观或局地尺度
ESValue	结合专家观点、文献数据等构建生态系统服务功能生产函数，在已有的科学知识和利益相关者偏好的基础上，指定由社会、管理者和利益相关者决定的生态系统服务功能相对价值	应用较少，主要用于美国部分地区	特定地区

2. 价值当量法模型

利用生态系统面积与单位面积生态系统服务价值相乘得出生态系统最终服务价值。Costanza（1997）综合多种评估方法，按土地覆盖区分为远洋、海湾、珊瑚礁、大陆架、热带森林、温带森林、草原、湿地、湖泊河流、荒漠、苔原、冰川岩石、农田、城市等 16 大类、26 小类生物群落，把生态系统服务划分为气候调节、水供应、土壤形成、粮食生产等 17 种类型，以生态服务供求曲线为一条垂直线作为假定条件，提出全球 17 种类型生态系统服务价值化的当量结果，并估算各类生态系统服务单位面积价值，最后折算出各生态系统服务总价值。总体来说，该方法能够有效地对大尺度范围生态系统服务价值进行评估，但其单位面积价值当量针对的是全球尺度的价值评估，具体国家或地区应用时需根据区域生态背景制定适宜本地的生态系统服务当量因子表。

3. 能值转换法模型

该模型目前在全球得到广泛采用。通过对生态系统能量价值过程分析，将各项生态功能总量折算为能量，用太阳能值转换率将不同类、不同质的能量统一转换为同一量纲能值，定量评价生态系统服务功能及其价值。该模型充分考虑了自然资源对生态系统的重要作用，统一能值标准，避免了生态或经济某一方面的常规不足。

2.1.5　评估实践

国外生态系统服务功能价值的评估实践开展较早，最初主要是对单个生态系统价值评估，逐渐扩展到全球或区域生态系统服务价值评估，但大部分为生态系统静态价值，未体现时间动态变化。

1. 单个生态系统价值评估实践

国外森林生态系统服务功能价值的评估实践可以追溯到 1925 年，比利时的 Drumarx 首次采用野生生物游憩的费用支出作为野生生物的经济价值；1941 年，美国的 Dafdon 首次采用费用支出法核算出森林和野生生物的经济价值；1947 年，美国的 Flotting 提出可根据旅行费用计算出消费者剩余，并以消费者剩余作为游憩区的游憩价值；1959 年，美国的 Clawson 修改旅行费用评估法；1964 年，J. L. Kntech 再次修改并完善了旅行费用评估法；同年，美国的 Davis 在研究缅因州森林的游憩价值时，首次提出并运用了条件价值法的报价技术；1972 年，日本林业厅估算了全日本森林生态功能价值；1989 年，Peters 等对亚马逊热带雨林的非木材林产品的价值进行了评估。19 世纪 90 年代以后，此类研究更为集中，Tobias 等（1991）、Maille 等（1993）、Hanley

等（1993）对热带雨林生态旅游价值、森林休闲、景观和美学价值开展了研究；Adger 等（1995）对墨西哥森林价值进行了评估研究并提出政策建议。

20 世纪初，美国为建立野生动物保护区特别是迁徙鸟类、珍稀动物保护区而开展了湿地评价工作；1972 年，Young 等对水的娱乐价值进行评价，之后许多研究对不同河流娱乐经济价值以及河流径流、水环境质量对娱乐价值的影响进行评价。Wilson 等（1999）对美国 1971—1997 年淡水生态系统服务经济价值评估研究做了总结回顾，大多数研究涉及河流生态系统娱乐功能评估。Seidl 等（2000）对巴西热带季节性湿地生态系统服务的价值进行了估算，评估结果显示年价值为 5839 万美元/hm^2，但与 Constanza 等的研究结果相差甚远，也从某种程度上反映出目前生态服务价值评估研究的精确程度较低。Sander（2012）运用享乐价格法对美国明尼苏达州湿地生态系统文化服务的价值进行了评估。

国外关于城市生态服务的研究主要集中在改善城市环境质量、净化空气和水、调节小气候、涵养水源、水土保持、降低噪声等。Bolund 等（1999）把城市自然生态系统划分为行道树、草坪/公园、城市森林、耕地、湿地、溪流、湖泊/海洋七类，并从空气净化、小气候调节、噪声降低、雨水渗透、废水处理、休闲/文化价值六个方面对其生态服务功能进行了研究。Savard（2000）研究表明，城市生态系统中生物多样性的提高对城市居民生活质量有积极影响，并提出提高鸟类生物多样性的规划、设计和管理方案；Mortberg 等（2000）通过对瑞典首都斯德哥尔摩不同生境鸟类的调查，证明绿色空间廊道是生物多样性的重要场所；Lofvenhaft 等（2002）提出在城市区域要重视生物区系模式，并发展了一个在空间规划中整合生物多样性的概念模型，已在瑞典首都斯德哥尔摩总体规划中成功应用。Erkip（1997）对土耳其首都安卡拉的公园及其休闲服务功能以及用户特点进行了研究和评价，指出附近公园和娱乐设施的使用由个人收入水平和离公园的距离所决定。Tyrvainen（1997、1998）以芬兰东部 Joensuu 城镇为例，运用享乐价格法（HPM）和条件价值法（CVM）研究了城市森林的休闲价值，结果表明城市森林可以提高环境质量和房地产价值。

2. 全球或区域生态系统服务价值评估实践

1973 年，Nordhaus 和 Tobin 提出用"经济福利准则"修改国民生产总值，由此引发了全球对环境资源价值估算热，许多学者先后提出多种方案估算环境资源的价值；1977 年，联合国在一定程度上接受了对某些自然资源进行核算，主要用于森林和矿产；1989 年 Charles 等评估了巴西对亚马逊热带雨林、湿地、台地和海洋系统价值；1991 年国际科学联合会环境委员会召开会议讨论有关生物多样性定量研究方法等，促进该领域研究及其价值评估方法的发展；1993 年联合国有关机构正式出版了《综合环境与经济核算手册》临时版本（SEEA），对此前各国环境与经济综合核算的研究成果进行了较全面的总结，并提供了环境与经济核算的总体思路框架和生态价值核算方法；据 Constanza（1997）的评估，全球生态系统服务年度价值为 16 万亿～54 万亿美元，平均为 33 万亿美元。其中，海洋、陆地生态系统服务价值分别占 62.97%、37.03%，海洋生态系统服务价值主要来源于海岸生态系统，为 577 美元/（hm² · a），陆地生态系统服务价值主要来源于森林和湿地，为 804 美元/（hm² · a）；Boumans 等（2002）对 2000 年全球生态系统服务功能价值评估，生态系统服务功能价值量达当年全球经济总量的 4.5 倍；联合国千年生态系统评估 MA（2005）公布了全球生态系统服务与人类福祉评估框架；Schroter 等（2005）根据土地利用、气候变化情景，预测了 21 世纪欧洲生态系统服务功能的供给，并发现气候和土地利用变化导致生态系统服务功能供给变化；De Groot（2012）依据 TEEB 数据库案例对全球的生态系统服务价值进行了重新估值。

2.2　国内研究进展

2.2.1　生态系统服务价值评估方法

国内生态价值的评估始于 20 世纪 80 年代初，到 90 年代以后不同层次的评估结果陆续面世。1983 年中国林学会开展了森林综合效益评价研究。1988 年，国务院发展研究中心开始将资源核算纳入全国经济核算体系研究。1984 年，马世骏先生发表了题为《社会经济自然复合生态系统》的文章，代表生态学家涉足经济学领域；1996 年由胡涛等组织了中国环境经济学研讨班，出版了两册论文集，内容包括环境污染损失计量、环境效益评价、自然资源定价、生物多样性生态价值等；1998 年李金昌研究员编著出版的《生态价值论》系统分析了生态价值的有关基础理论，并就其量化方法进行了深入研究；1999 年中国科学院生态环境研究中心欧阳志云等对我国陆地生态系统服务功能价值进行了研究；2000 年我国著名植物学家陈仲新、张新时等根据 Constanza 等（1997）的研究成果，按照面积比例对我国生态系统服务功能经济价值进行了评估；2002 年张颖博士出版的《中国森林生物多样性评价》对森林生态系统多样性进行了多角度评价分析，具有较高的理论价值，有力地推动了生态系统服务功能评价方法向纵深方向发展。总体来说，我国的生态系统服务功能的价值评估方法正处于由学习模仿向逐渐成熟的过渡阶段，并开始了纵向研究。

2.2.2　生态系统服务价值

2000 年以来，国内学者研究重点逐渐从生态系统服务及其价值的理论框架、评价指标、模型构建以及生态补偿政策建议等方面转向了实证研究。这些研究主要集中在两个方面：一是对区域生态系统服务价值的实证研究，主要是对重要生态功能区、省域范围或特定区域的生态服务价值进行定量化研究；二是对区域生态功能变化趋势的实证研究，针对一些特定区域分析生态系统服务价值的多年变化趋势，以及对经济社会发展、生态建设投入等方面的影响等。

1. 区域生态系统服务价值

国内学者关于区域生态系统服务价值评估研究主要是基于 Constanza 等（1997）关于生态系统服务的分类，即气体调节、气候调节、干扰调节、水源涵养、水供给、土壤侵蚀控制、土壤形成、养分循环、废物处理、传粉、生物控制、避难所、食物生产、原材料、基因资源、休闲、文化等 17 个类型，根据研究区域特征对分类体系和评估模型进行了优化，见表 2-2。

（1）针对全国陆地生态系统。欧阳志云等（1999）、陈仲新等（2000）、张新时（2000）以及毕晓丽、葛剑平（2004）分别对我国陆地生态系统服务价值进行了评估，评估结果为 $0.424\sim3.18$ 元/$(m^2 \cdot a)$，总体上比较接近，没有数量级别的差距。

（2）针对森林、荒漠等不同类型生态系统。谢高地（2001）提出全国天然草地平均生态服务价值为 1497.9 亿美元/a，平均 509.4 美元/$(hm^2 \cdot a)$。折合人民币分别为 1.2398 万亿元/a 和 4216.35 元/$(hm^2 \cdot a)$。谢高地、甄霖等（2008）测算出我国森林单位面积价值为 1.263 元/$(m^2 \cdot a)$，全国森林生态系统价值约为 2 万亿元/a；崔向慧（2009）测算出我国荒漠区总生态系统服务价值为 2284.39 亿元/a，平均为 0.0865 元/$(m^2 \cdot a)$。李坦、李慧、张颖（2013）测算出国家级公益林生态服务价值总量为 261179.86 亿元，平均为 27.85 元/$(m^2 \cdot a)$。

（3）针对省域范围和特定区域生态系统。秦珊（2004）测算出新疆陆地生态系统年度生态服务价值约为 5.59 万亿元/a，平均为 3.37 元/$(m^2 \cdot a)$。赵海凤（2014）测算出四川省森林生态系统服务价值为 5383 亿元，平均为 2.246 元/$(m^2 \cdot a)$。唐小平、黄桂林、徐明（2016）测算出青海省 2012 年生态系统服务总价值为 7300.77 亿元，平均为 1.018 元/$(m^2 \cdot a)$。

2. 区域生态系统服务价值变化趋势

区域生态系统服务价值变化趋势研究基本上还是围绕 Constanza 等（1997）、Daily 等（1999）提出的生态系统服务价值评估模型，结合多年监测

表 2-2　国内生态系统服务价值评估研究成果

作者	时间	评价方法	评价指标	评价结果	单位面积生态系统服务价值	其他
欧阳志云等	1999	生态经济学方法，初步对中国陆地生态系统服务的价值进行了估算	Constanza 评价指标体系：有机物质生产、维持大气 CO_2 和 O_2 平衡、营养物质循环和储存、水土保持、涵养水源、生态系统对环境污染净化作用等6项	有机质间接价值为15.7万亿元/a，固定 CO_2 总价值为0.773万亿元/a，释放 O_2 同接价值2.84万亿元/a，N、P、K等营养物质的间接价值是0.324万亿元/a，植物净化空气的潜在经济价值为4.89万亿元/a，总经济价值为30.488万亿元/a	3.18元/(m²·a)	这一粗略估算为我国社会经济环境的综合决策提供了科学参考
陈仲新等	2000	按照自然状况，把中国植被类型划分为10类海洋生态系统和两类海洋生态系统，参照 Constanza 等分类方法，对中国生态系统功能与效益也进行了价值评估	Constanza 评价指标体系	中国1433万 km² 总面积内生态效益的价值为77834.48亿元/a（其中，陆地面积960万 km²，生态系统效益为56098.46亿元/a；海洋面积473万 km²，生态系统效益的价值为21736.02亿元/a），以1994年为基准，相当于同期我国 GDP 45006亿元的1.73倍，与全球相比，中国的总面积占全球的2.78%，生态系统效益的价值占全球的2.71%	0.54元/(m²·a)，其中，陆地0.58元/(m²·a)	此数据仅相当于欧阳志云等所计算的中国陆地区域内生态系统服务的经济价值的1/4，该研究只是对中国生态系统服务价值的保守估计
张新时	2000	根据等 Constanza 等的研究，按照面积比例对我国生态系统服务功能的经济价值进行评估	Constanza 评价指标体系	我国陆域生态系统服务功能的经济价值大约为20万亿元	2.08元/(m²·a)	
谢高地	2001	根据土地覆盖全国草地生态系统类型，把全国草地生态系统划分为18类自然草地生态系统，估算全国自然草地生态系统服务价值	Constanza 评价指标体系	全国天然草地平均生态服务价值149.79亿美元/a，平均509.4美元/(hm²·a)。折合人民币分别为1.2398万亿元/a，4216.35元/(hm²·a)	0.422元/(m²·a)	按照2001年1月1日美元对人民币汇率为1:8.2771

续表

作者	时间	评价方法	评价指标	评价结果	单位面积生态系统服务价值	其他
秦珊	2004	替代市场法、市场价值法	Costanza评价指标体系	新疆陆地生态系统年度生态服务价值：有机质2.62万亿元、固定$CO_2$388亿元，释放$O_2$742亿元，涵养水源9740亿元，在氮磷钾等营养物质循环储存1.03万亿元，减少土壤侵蚀7370亿元，植物净化大气1110亿元，总价值约为5.59万亿元/a	3.37元/$(m^2 \cdot a)$	不完全估计
刘康等	2004		Costanza评价指标体系	秦岭面积57698.6km²，山地生态系统服务功能综合价值为101445亿元/a。秦岭山地各类型生态系统具有不同的服务价值，各生态服务功能价值排序为落叶阔叶林>山地针叶林>针阔叶混交林>农田>草丛>高山灌丛、高山草甸、草甸。南坡、北坡各生态单位面积价值存在一定的差异。南、北坡各类植被主要反映在草丛和高山灌丛，服务功能价值排序亚高山、山地针叶林生态系统差异较大。北坡各类型生态系统服务功能价值排序为落叶阔叶林>针阔叶林>农田>草丛>草甸>高山灌丛、亚高山，高山；南坡为落叶阔叶林>针阔叶混交林>山地针叶林、高山灌丛、草甸	1.76元/$(m^2 \cdot a)$	
毕晓丽、葛剑平等	2004	以国际地圈生物圈（IGBP）所提供的1km²分辨率土地覆盖分类数据和Costanza提出的生态系统服务功能价值，对中国陆地及各省市的生态系统服务功能价值进行评估	Costanza评价指标体系	中国陆地生态系统服务功能为40690亿元	0.424元/$(m^2 \cdot a)$	

续表

作者	时间	评价方法	评价指标	评 价 结 果	单位面积生态系统服务价值	其他
谢高地、甄霖等	2008	基于 Costanza 生态服务价值化评估方法，对中国 700 位具有生态学背景的专业人员进行问卷调查	Costanza 评价指标体系	我国森林单位面积价值为 12628.69 元/(hm²·a)，全国森林生态系统价值约为 2 万亿/a	1.263 元/(m²·a)	
崔向慧	2009	依据陆地生态系统服务价值评估指标体系，首次对我国荒漠生态系统服务价值进行了评估	Costanza 评价指标体系＋维护生物多样性、旅游	我国荒漠化总土地面积 264 万 km²，尽管我国荒漠区植被稀疏，自然条件恶劣，但总生态系统服务价值依然为 2284.39 亿元/a。其中，水土保持生态系统防止土壤侵蚀的服务价值（即荒漠生态系统防止土壤侵蚀的服务价值）为 216.471 亿元/a	0.0865 元/(m²·a)	水主要包括水土流失造成土地荒废价值、流失土壤中养分价值、河流泥沙淤积等价值
李坦、李慧、张颖	2013	市场价值法、影子价格法，对国家级公益林生态效益价值量进行评估	《森林生态系统服务功能评估规范》（LY/T 1721—2008）	国家级公益林面积为 9380 亿 m²，生态效益总价值为 261179.86 亿元	27.85 元/(m²·a)	
赵海凤	2014	依据国际通用生态系统分类体系，对四川省森林生态主要服务价值进行核算	Costanza 评价指标体系	2012 年，四川省森林生态系统服务价值为 5383 亿元。其中，保护水土价值为 1790 亿元，占总价值的 40.5%	2.246 元/(m²·a)	该研究中，四川省有森林面积 23.97 万 km²
唐小平、黄桂林、徐明	2016	依据青海省实际情况，改进生态系统过程模型，定量评估生态系统服务价值	农林牧渔产品、淡水固碳、释放氧气、土壤保持、水文调节、净化、花粉传递、生物多样性保护等 15 项指标	2012 年，青海省生态系统服务总价值为 7300.77 亿元，平均单位价值为 10175.29 元/(hm²)。其中，土壤保持为 846.58 亿元，占比为 11.59%	1.018 元/(m²·a)	

和调查数据开展起来的。王兵等（2010）依据《森林生态系统服务功能评估规范》（LY/T 1721—2008），采用中国森林生态系统定位研究网络（CFERN）数据、森林资源清查数据及公共数据对中国栎林生态服务价值进行评估，结果显示，"九五"期间和"十五"期间中国栎林生态服务价值分别为 1.4758 万亿元和 1.3971 万亿元，平均为 7.9872 万元/（hm² · a）和 7.6689 万元/（hm² · a）。郭伟（2012）评估了北京市 32 年间（1978—2010 年）的生态服务价值年际变化情况结果显示：32 年间，北京市生态系统服务价值呈现下降趋势，从 1978 年的 1425.8 亿元下降到 2010 年的 919.82 亿元。王红（2013）评估了西安市生态系统服务价值变化，结果显示：2000—2010 年，西安市生态系统服务价值从 250.43 亿元减少到 2010 年的 243.23 亿元。

　　总体来说，尽管生态服务价值评价法还存在与实际过程偏离、各类服务价值贡献分析偏差等不足，但是不置可否的是，生态服务价值评价方法已经成为评估生态文明建设成效、分析生态系统状况及其变化情况的重要手段。今后，随着我国生态文明建设不断深化，结合野外调查和长期观测数据、遥感影像解译数据、无人机航拍等开展的生态系统服务价值研究方法将发挥越来越重要的作用。

第 3 章

水土保持功能价值评估
指标体系与模型

水土保持功能直接关系到人类的福祉，对其进行合理分析和评估，有助于人类对自然生态系统的可持续开发与利用，从而实现生态系统的可持续管理。依据修订后的《中华人民共和国水土保持法》，基于水土保持功能概念和野外观测数据，在总结国内外水土保持功能价值评估指标体系的基础上，构建适用于我国自然地理和经济社会发展特征的水土保持功能价值评估指标体系，为测算水土保持功能价值提供基础。

3.1 水土保持功能概念

国内学者对如何定义水土保持功能进行了有益探索。余新晓等（2007）认为，水土保持生态服务功能是指在水土保持过程中所采用的各项措施对保护和改良人类及人类社会赖以生存的自然环境条件的综合效用，包括保护和涵养水源功能、保护和改良土壤功能、固碳释氧功能、净化空气功能和防风固沙功能。柳仲秋（2010）在比较水土保持、水土流失的不同概念表述基础上，对执法中如何正确理解和适用"水土保持功能"这个专门的法律概念提出了自己的观点，认为"水土保持功能指陆地表面的各种类生态系统所发挥或蕴藏的有利于维护和提高水土资源和土地生产力的作用"。这里各种类生态系统可以具体指一个池塘、一块农田、一片森林，也可以指最大的生态系统生物圈。

在水土保持法律文件中，水利部《关于水土保持设施解释问题的批复》（水保〔1996〕393 号）第一次采用了"水土保持功能"的术语，表明"水土保持功能"正式从一个学理概念转变和提升为一个专门的法律概念。根据《中华人民共和国水土保持法（含释义）》《中华人民共和国主席令〔2010〕39号）中的规定，水土保持功能是指水土保持设施、地貌植被所发挥或蕴藏的有利于保护水土资源、防灾减灾、改善生态、促进社会进步等方面的作用。主要包括4个方面：一是保护水土资源功能，包括预防和减少土壤流失，防止和治理石化、沙化等土地退化，提高土壤质量和土地生产力，拦蓄地表径流、增加土壤入渗、提高水源涵养能力等；二是防灾减灾功能，包括减轻下游泥沙危害、洪涝灾害，减轻干旱灾害，减轻风沙灾害和滑坡泥石流危害等；三是改善生态功能，包括增加常水流量，净化水质，保护和改善江河湖库水生态环境；增加林草植被覆盖，改善生物多样性，改善靠近地层的小气候环境等；四是促进社会进步功能，包括优化土地利用结构、农村生产结构，促进农民脱贫致富和农村经济发展，改善城乡生活环境，保障经济社会可持续发展等。

《水土流失重点防治区划分导则》（SL 717—2015）进一步丰富和细化了水土保持功能的内涵，明确了水土保持功能主要包括土壤保持、水源涵养、生态维护、防风固沙、生物多样性保护、洪水调蓄、农林产品供给等。《中国水土保持区划》在此基础上增加了蓄水保土、农田防护、水质维护、拦沙减沙、防灾减灾、人居环境维护等方面。

3.2 水土保持功能价值定义

本研究在分析有关法律规定和国内外学者观点的基础上对水土保持功能价值定义为：水土保持设施、地貌植被所发挥或蕴藏的有利于保护水土资源、防灾减灾、改善生态、促进社会进步等方面的作用，并由此带来的直接或间接的经济效益。水土保持功能价值由使用价值和非使用价值组成。使用价值包括直接使用价值和间接使用价值，非使用价值主要是指存在价值，选择价值是未来的使用价值和非使用价值。具体见表3-1。

表 3-1　　　　　　　　　　　水土保持功能价值构成

系统层面	使用性层面	利用方式层面	含　义　层　面
水土保持功能价值	使用价值	直接使用价值	水土保持功能直接产生的实物价值和服务价值，包括食品、医药及其他工农业生产原料以及景观娱乐等带来的直接价值。直接使用价值可用产品的市场价格来直接估计
		间接使用价值	指无法商品化的水土保持功能价值。例如，维持生命物质的生物地化循环与水文循环，维持生物物种与遗传多样性、保护土壤肥力等支撑地球生命保障系统的功能。间接使用价值的评估常常需要根据水土保持功能的类型来确定，通常有防护费用法、恢复费用法、替代市场法等
	非使用价值	存在价值	指生态系统本身具有的价值，是一种与人类利用无关的经济价值。换句话说，即使人类不存在，存在价值仍然有，如生态系统中的物种多样性与涵养水源能力等。存在价值是介于经济价值与生态价值之间的一种过渡性价值

3.3　评估指标体系

总体来看，水土保持功能主要包括保护水土资源、防灾减灾、改善生态和促进社会进步四项，每项功能都有重要的作用和相当大的价值量。本研究在这四项功能下的二级功能中选取了基础性和普遍性的预防和减少土壤流失、提高土壤质量和土地生产力、拦蓄地表径流、提高水源涵养能力、减轻下游泥沙危害、减轻风沙灾害、改善生物多样性、固碳释氧以及对促进社会进步的定性描述来进行价值量评估，但是本研究评价指标中所提及的其他未被计算的功能也都具有相当大的价值，随着数据的完善和研究的深入，这方面价值量的计算还要进一步进行。本研究依据评估指标体系，结合调查和实测数据，计算出每项水土保持功能的物质量，利用市场价值法、机会成本法、影子工程法等，分别评估保护水土资源功能、防灾减灾功能、改善生态功能、促进社会进步功能等的价值。

3.3.1　构建原则

水土保持功能价值评估指标体系是指由反映水土保持功能各方面特性及其相互联系的多个指标所构成的有机整体。水土保持功能价值评估指标体系构建应遵循以下几个原则。

1. 科学性原则

指标体系构建从可持续维护和改善区域生态环境战略出发，遵循水土保持学与生态保护基本规律，真实反映水土保持功能价值的客观实际和固有特性，以及各指标之间的真实关系。

2. 系统性原则

评价指标从不同角度反映水土保持功能价值的不同特征，综合所有指标即能刻画出水土保持功能价值的主要特征和状态。各指标之间相互独立，又彼此联系，共同构成一个有机整体。指标构建具有层次性，自上而下，从宏观到具体，形成一个不可分割的体系。

3. 简明性原则

评价指标设置应本着简明性原则，在满足基本要求的前提下，尽量选择具有典型性和代表性的指标，避免指标过多、过细和相互重叠。同时，各指标尽量简单明了、便于收集，数据容易获取，指标计算方法简单易懂。

4. 可操作性原则

指标设置也要保持指标体系内在一致性，指标选取的计算量度一致统一。同时，指标要具有较强的可操作性和可比性，便于计算分析。

5. 生态可持续性原则

评价目标基于保证生态系统在区域生态、经济和社会 3 个维度发展上具有可持续性。这就要求进行水土保持功能价值评估前需要全面地了解和考察区域水土保持功能对区域生态、经济和社会所产生的影响，包括影响的强度、空间范围、时间范围和可恢复性等做出客观分析和评价，在此基础上提出一整套评估指标体系。

3.3.2 评估指标及估算参数选择

本研究通过对比无措施地块的产流产沙数据和改善生态指标，对有措施地块减少土壤侵蚀量、保存土壤肥力数量、拦蓄地表径流量、涵养水源量、减少泥沙淤积量、减少风暴的时间（天数）和程度（风力）、物种多样性指数和固碳释氧量进行估算，评估了预防和减少土壤流失价值、提高土壤质量和土地生产力功能价值、拦蓄地表径流/提高水源涵养能力功能价值、减轻下游泥沙危害功能价值、减轻风沙危害功能价值、改善生物多样性功能价值和固碳释氧功能价值。由于本次并未收集促进社会进步功能的相关数据，因此促进社会进步功能服务价值未列入计算。具体见表 3-2。

表 3-2　　　　　　　　水土保持功能价值评估指标及估算参数

类别	物质量评价	物 质 量 参 数	价值评价	价值评价参数
保护水土资源	减少土壤侵蚀量	某项措施（自然地貌植被）的有效面积；某项措施地块土壤侵蚀模数；无措施地块土壤侵蚀模数、减蚀总量	预防和减少土壤流失价值	减少土壤侵蚀量；土壤容重；土壤肥力层平均厚度；单位面积的年均收益
	保存土壤肥力数量	减蚀总量；有措施地块中氮、磷、钾、有机质的含量；无措施地块中氮、磷、钾、有机质的含量	提高土壤质量和土地生产力功能价值	保存土壤肥力数量；土壤中有机质、氮、磷、钾含量；有机质、氮、磷、钾的价格
	拦蓄地表径流量	就地拦蓄措施减少径流量；某项措施（自然地貌植被）的减流总量；某项措施（自然地貌植被）的有效面积；减少径流模数	拦蓄地表径流、提高水源涵养能力功能价值	拦蓄地表径流量；涵养水源量；水的影子价格（本研究采用生活用水价格）
	涵养水源量	森林水源涵养量；林冠截留量；枯落物持水量；森林土壤非毛管孔隙储水量；草地生态系统涵养水源量；草地区域面积；多年均产流降雨量；多年均降雨总量；产流降雨量占降雨总量的比例；与裸地（或皆伐迹地）比较，草地生态系统截留降水、减少径流的效益系数；产流降雨条件下裸地降雨径流率；产流降雨条件下草地降雨径流率		

续表

类别	物质量评价	物质量参数	价值评价	价值评价参数
防灾减灾	减少泥沙淤积量	有措施地块减少的输沙量；减蚀总量；泥沙输移比	减轻下游泥沙危害功能价值	减少泥沙淤积量；水库工程费用或挖取单位体积泥沙的费用；土壤容重
	减少风暴的时间（天数）和程度（风力）	有无措施情况下风暴的时间（天数）和程度（风力）	减轻风沙危害功能价值	风沙埋压影响交通的里程和时间，清理压沙、恢复交通所耗的人力和经费
改善生态	物种多样性指数	Shannon - Wiener 指数	改善生物多样性功能价值	林分年物种多样性保育价值；单位面积年物种多样性保育价值；林分面积
	固碳释氧量	植被年固碳量；林分净生产力；林分面积；土壤年固碳量；单位面积林分土壤年固碳量；林分年释氧量	固碳释氧功能价值	植被年固碳量；土壤年固碳量；林分年固碳量；林分年固碳价值；固碳价格；林分年释氧价值；氧气价格
促进社会进步	促进社会进步程度	全区土地利用结构、农村生产结构，人均粮食与纯收入，贫、富状况的变化，人畜饮水、道路等基础设施、燃料等能源结构以及教育文化状况等方面的改善、提高和变化情况进行定量对比或定性描述	—	—

3.4　评估模型

3.4.1　物质量测算模型

水土保持功能物质量主要涉及减少土壤流失量、保存土壤肥力量、拦蓄地表径流量、涵养水源量、减少泥沙淤积量、减少风暴的时间和程度、物种多样性指数、固碳释氧量等方面的计算。

1. 减少土壤流失量

预防和减少土壤流失功能的具体评价指标为减少土壤侵蚀量，其计算公式为

$$\Delta S = F_e \cdot \Delta S_m \tag{3-1}$$

式中：ΔS 为某项措施（自然地貌植被）的减蚀总量，t/a；F_e 为某项措施（自然地貌植被）的有效面积，hm^2；ΔS_m 为减少的侵蚀模数，$t/(hm^2 \cdot a)$。

2. 保存土壤肥力量

保存土壤肥力数量是提高土壤质量和土地生产力功能的具体评价指标，其计算公式为

$$\Delta q = q_a - q_b \tag{3-2}$$

式中：Δq 为改良土壤计算项目的增量；q_a 为有措施地块（自然地貌植被）中计算项目的含量；q_b 为无措施地块（坡耕地、荒坡）中计算项目的含量。

3. 拦蓄地表径流量

（1）就地拦蓄措施减少径流量。对不同特点的水土保持措施，主要有典型推算法和具体量算法两种。

（2）就地入渗措施（自然地貌植被）减少地表径流量计算公式为

$$\Delta W = F_e \cdot \Delta W_m \tag{3-3}$$

式中：ΔW 为某项措施（自然地貌植被）的减流总量，m^3/a；F_e 为某项措施（自然地貌植被）的有效面积，hm^2；ΔW_m 为减少的径流模数，$m^3/(hm^2 \cdot a)$。

4. 涵养水源量

（1）森林生态系统的涵养水源量为

$$S = I + L + N_p \tag{3-4}$$

式中：S 为森林涵养水源量，m^3/a；I 为林冠截留量，m^3/a；L 为枯落物持水量，m^3/a；N_p 为森林土壤非毛管孔隙储水量，m^3/a。

（2）草地生态系统涵养水源量为

$$Q = A_草 \cdot J \cdot R \tag{3-5}$$

$$J = J_0 \cdot K \tag{3-6}$$

$$R = R_0 - R_g \tag{3-7}$$

式中：Q 为草地生态系统涵养水源量，m^3/a；$A_草$ 为草地区域面积，hm^2；J 为多年平均产流降雨量（产流降雨即次降雨量 $P > 20mm$ 的降雨），mm/a；J_0 为多年平均降雨总量，mm/a；K 为产流降雨量占降雨总量的比例,%；R 为与裸地（或皆伐迹地）比较，草地生态系统截留降雨、减少径流的效益系数,%；R_0 为产流降雨条件下裸地降雨径流率,%；R_g 为产流降雨条件下草地降雨径流率。

5. 减少泥沙淤积量

减少泥沙淤积量是减轻下游泥沙危害功能的具体评价指标，计算公式为

$$T_n = \gamma \cdot \frac{\Delta S}{\rho} \tag{3-8}$$

式中：T_n 为某项措施（水土保持设施、自然地貌植被）的减少泥沙淤积量，

m^3/a；γ 为泥沙淤积百分比，%；ΔS 为某项措施的减蚀总量，t/a；ρ 为当地泥沙土壤容重，t/m^3。

6. 减少风暴的时间和程度

减少风暴的时间和程度是减轻风沙灾害功能的具体评价指标。根据气象调查资料，了解治理前、后风暴的天数和风力，进行治理前后对比，计算治理后减少风暴的时间（d）和程度（风力）。

7. 物种多样性指数

物种多样性指数是改善生物多样性功能的评价指标，其计算公式为

$$H = \sum_{i=1}^{s} p_i \ln P_i \qquad (3-9)$$

式中：H 为多样性指数；s 为样地中的物种总数；P_i 为第 i 个物种的个体数占所有种个体总数的比例。

8. 固碳释氧量

固碳释氧量是固碳释氧功能的评价指标，其计算公式为

$$G_{植被固碳} = 1.63 R_碳 \cdot A_林 \cdot B_年 \qquad (3-10)$$

$$G_{土壤固碳} = A_林 \cdot F_{土壤固碳} \qquad (3-11)$$

$$G_{氧气} = 1.19 A_林 \cdot B_年 \qquad (3-12)$$

式中：$G_{植被固碳}$ 为植被年固碳量，t/a；$R_碳$ 为 CO_2 中碳的含量，为 27.27%；$B_年$ 为林分净生产力，$t/(hm^2 \cdot a)$；$A_林$ 为林分面积，hm^2；$G_{土壤固碳}$ 为土壤年固碳量，t/a；$F_{土壤固碳}$ 为单位面积林分土壤年固碳量，$t/(hm^2 \cdot a)$；$G_{氧气}$ 为林分年释氧量，t/a。

3.4.2　价值量测算模型

基于运用费用支出法、市场价值法、条件价值法、影子工程等方法，分别建立各项功能价值的评价方法。根据水土保持功能物质量推算出水土保持功能的价值量。

1. 预防和减少土壤流失功能价值

根据机会成本法，价值量计算公式为

$$E_s = (\sum \Delta S / \rho h) B \qquad (3-13)$$

式中：E_s 为减少土地流失的经济效益，元/a；$\sum \Delta S$ 为减蚀总量，万 t/a；ρ 为土壤容重，t/m^3；h 为土壤肥力层平均厚度，m；B 为单位面积的年均收益，元/hm^2。

2. 提高土壤质量和土地生产力功能价值

根据市场价值法，价值量计算公式为

$$E_t = \Delta q \cdot p_i = \sum \Delta S \cdot C_i \cdot p_i \qquad (3-14)$$

式中：E_f 为保持土壤肥力价值，万元/a；$\sum \Delta S$ 为减蚀总量，万 t/a；C_i 为土壤中有机质、氮、磷、钾含量；p_i 为有机质、氮、磷、钾的价格，元/t。

3. 拦蓄地表径流、提高水源涵养能力功能价值

按照市场价值法，利用得到的拦蓄地表径流量、涵养水源量乘以水的单价即为此项功能的价值。

$$E_w = \sum \Delta W_{总} \cdot p_w \qquad (3-15)$$

式中：E_w 为拦蓄地表径流、提高水源涵养功能价值，元/a；$\sum \Delta W_{总}$ 为拦蓄地表径流量和涵养水源量之和，m^3/a；p_w 为水的影子价格，元/m^3。

水的影子价格有 6 种取法：①根据水库的蓄水成本确定；②根据供用水的价格确定；③根据电能生产成本确定；④根据级差地租确定；⑤根据区域水源运费确定；⑥根据海水淡化费确定。本研究水土保持措施拦蓄径流、涵养水源的效益主要按各区域生活用水的价格确定。

4. 减轻下游泥沙危害功能价值

根据影子工程法，其价值量计算公式为

$$E_n = C \cdot \gamma \cdot \frac{\sum \Delta S}{\rho} \qquad (3-16)$$

式中：E_n 为减轻下游泥沙淤积价值，元/a；C 为水库工程费用或挖取单位体积泥沙的费用，元/m^3；γ 为泥沙淤积百分比，%；$\sum \Delta S$ 为减蚀总量，万 t/a；ρ 为当地土壤容重，t/m^3。

5. 减轻风沙灾害功能价值

减轻风沙对交通危害的经济效益计算，根据观测或调查资料，按以下两个步骤进行计算：①计算治理前每年由于风沙埋压影响交通的里程（km）和时间（d），清理压沙、恢复交通所耗的人力（工·日）和经费（元）；②计算治理后由于减轻风沙危害所减少的各项相应损失，折算为人民币（元）。

6. 改善生物多样性功能价值

根据机会成本法，其价值量计算公式为

$$U_{生物} = S_{生} \cdot A_{林} \qquad (3-17)$$

式中：$U_{生物}$ 为林分年物种多样性保育价值，元/a；$S_{生}$ 为单位面积年物种多样性保育价值，元/($hm^2 \cdot a$)，根据 Shannon – Wiener 指数计算；$A_{林}$ 为林分面积，hm^2。

7. 固碳释氧功能价值

根据市场价格法，价值量计算公式为

$$U_{碳} = C_{碳} （G_{植被固碳} + G_{土壤固碳}） \qquad (3-18)$$

$$U_{氧气} = C_{氧气} \cdot G_{氧气} \qquad (3-19)$$

式中：$U_{碳}$ 为林分年固碳价值，元/a；$C_{碳}$ 为固碳价格，元/t；$U_{氧气}$ 为林分年释氧价值，元/a；$C_{氧气}$为氧气价格，元/t；其余字母意义同上。

8. 水土保持功能价值

水土保持功能总价值可按下式计算，即

$$V_{总} = V_1 + V_2 + V_3 + V_4 \tag{3-20}$$

式中：$V_{总}$为水土保持功能总价值，元；V_1、V_2、V_3、V_4分别为保护水土资源功能价值、防灾减灾功能价值、改善生态功能价值、促进社会进步功能价值，元。

第4章

东北黑土区水土保持功能价值

东北黑土区是我国主要商品粮产区和最大的商品粮生产基地，号称"中国粮仓"，是全国商品粮生产的"稳压器"。粮食年产量约占全国20%，是重要的玉米、粳稻等商品粮供应地，粮食商品量、调出量均居全国首位。

4.1 区域自然环境与经济社会概况

4.1.1 自然环境概况

东北黑土区位于我国东北部，国土总面积约 109 万 km²，涉及内蒙古、黑龙江、吉林和辽宁四省（自治区）的 246 个县（市、区、旗）。东北黑土区位于我国第三级地势阶梯，平均海拔 350m，呈东、西、北三面被中低山环抱，低山、丘陵和漫川漫岗构成该地区主要的地貌。东北黑土区气候南北差异较大，从北到南分为寒温带、中温带和暖温带 3 个气候带。该区属温带大陆性季风气候，年均气温为 −7~11℃，年均降水量为 250~1000mm。该区无霜期较短，年均无霜期为 100~150 天，不小于 10℃ 积温 1300~3500℃，干燥指数不大于 1。该区水资源丰富，大小河流约 2300 条，流域地表水多年平均径流量为 1696.20 亿 m³，折合径流深为 137.30mm。该区优势地面组成物质为黑土，土壤类型以暗棕壤、棕色针叶林土、草甸土和沼泽土为主。土壤腐殖质含量高，具有深厚的暗色土层，土壤比较肥沃。东北黑土区植被类型主要为寒温带针叶林、温带针阔混交林、暖温带落叶阔叶林，植被种类有自东南向西北减少的趋势。寒温带针叶林主要分布在大兴安岭北段，温带针阔叶混交林主要分布在小兴安岭的东南段、张广才岭以东的长白山地，暖温带落叶阔叶林主要分布在努鲁尔虎山以东地区，包括吉林哈达岭、龙岗山和千山山脉北段。

4.1.2　社会经济状况

该区总人口 9312.45 万人，占全国总人口的 6.95％。农业人口 3341.70 万人，占该区人口总数的 35.88％，人口密度为 85 人/km²。东北黑土区是一个国民经济体系比较完整、工业与农业并重的经济区。地区生产总值为 32178.31 亿元，占我国国内生产总值的 6.17％。其中，农业总产值 6073.63 亿元，占地区生产总值的 18.87％。农业人均年纯收入 5691 元。东北黑土区是全国最大的大豆、玉米主产区，也是全国最大的谷物饲料和蛋白质饲料的生产区与调出区。自改革开放以来，东北黑土区粮食产量显著增加，年粮食总产量为 5430.99 万 t，农业人均产量 1625.22kg。畜牧业发展迅速，其产值仅次于种植业。该区耕地面积 2892.33 万 hm²，占全区总面积的 26.65％；林地面积 5094.67 万 hm²，占全区总面积的 46.94％；园地面积 18.88 万 hm²，占全区总面积的 0.17％；草地面积 1683.63 万 hm²，占全区总面积的 15.51％；其他利用类型土地面积 1163.70 万 hm²，占全区总面积的 10.72％。耕地主要分布在海拔 500m 以内和坡度 3°以内的平原、丘陵地带，其中旱地占 88％。

4.1.3　水土流失概况

东北黑土区水土流失强度以轻中度为主，水土流失总面积为 25.30 万 km²，占国土总面积的 23.32％。其中，水力侵蚀面积为 16.50 万 km²，风力侵蚀面积为 8.81 万 km²。按侵蚀强度分，轻度侵蚀面积为 13.55 万 km²、中度侵蚀面积为 6.09 万 km²、强烈侵蚀面积为 3.19 万 km²、极强烈侵蚀面积为 1.57 万 km²、剧烈侵蚀面积为 0.91 万 km²，分别占水土流失总面积的 53.53％、24.05％、12.62％、6.20％和 3.60％。水力侵蚀面积占水土流失总面积的 65.19％。其中，轻度侵蚀面积为 8.31 万 km²、中度侵蚀面积为 4.26 万 km²、强烈侵蚀面积为 2.47 万 km²、极强烈侵蚀面积为 1.10 万 km² 和剧烈侵蚀面积为 0.36 万 km²，分别占水力侵蚀总面积的 50.34％、25.84％、14.97％、6.65％和 2.19％。风力侵蚀面积占水土流失总面积的 34.81％。其中，轻度侵蚀面积 5.24 万 km²、中度侵蚀面积 1.82 万 km²、强烈侵蚀面积 0.72 万 km²、极强烈侵蚀面积 0.47 万 km² 和剧烈侵蚀面积 0.55 万 km²，分别占风力侵蚀总面积的 59.51％、20.70％、8.21％、5.35％和 6.24％。此外，还存在冻融侵蚀 2.86 万 km²，占国土总面积的 2.63％，占水土流失总面积的 10.14％。其中，轻度侵蚀面积 2.67 万 km²、中度侵蚀面积 0.18 万 km²，分别占冻融侵蚀总面积的 93.63％和 6.37％。

4.2　计算参数

本节研究的物质量测算数据主要来源于国家统计年鉴、全国水土保持公报、典型县监测数据、2016—2017 年国民经济和社会发展统计公报以及相关文献资料。价值量基础数据来源于当地市场调查，见表 4-1。

表 4-1　　　　东北黑土区主要计算参数取值及依据

参数名称 \ 典型县		宾县	嫩江县	海伦市	扎兰屯市	依 据 说 明
土地年均收益/(元/hm²)	耕地	16400	23900	14400	20800	2016 年各县国民经济和社会发展统计公报、统计年鉴
	林地	5000	5000	5000	5000	
	草地	15000	15000	15000	15000	
化肥价格/(元/t)	氮肥	15741	15741	15741	15741	2016 年化肥市场价格（折纯价）
	磷肥	14662	14662	14662	14662	
	钾肥	14678	14678	14678	14678	
	有机质	4500	4500	4500	4500	
土壤养分含量/(g/kg)	氮	1.80	0.13	0.27	2.13	全国第二次土壤普查数据
	速效磷	0.012	0.01	0.02	0.01	
	速效钾	2.04	0.10	0.21	0.19	
	有机质	38.60	29.20	54.10	46.50	
水价/(元/m³)		4.30	4.72	4.50	3.96	2016 年各县生活用水阶梯价格
清淤价格/(元/m³)		49.22	50.04	57.48	49.97	调查数据（各县水库工程投资规模推算）
土壤容重/(g/cm³)		1.35	1.35	1.35	1.35	调查数据
物种保育价值/[元/(hm²·a)]		10000	10000	10000	10000	《森林生态系统服务功能评估规范》（LY/T 1721—2008）
碳税率/(元/t)		1200	1200	1200	1200	参照瑞典数据
氧气价格/(元/t)		2148	2148	2148	2148	参照瑞典数据

4.3　典型县水土保持功能价值

4.3.1　黑龙江省宾县

黑龙江省哈尔滨市宾县，国土总面积 3844.6km²，地形以台地低山丘陵及漫川漫岗为主，素有"五山半水四分半田"之称。地势呈南北走向，由南部山地向中部低山丘陵及北部河谷平原过渡。年均气温 4.4℃，年均无霜期 110～150d，多年平均有效积温 2769℃。年均降水量 550mm，年均蒸发量 910mm。境内有 8 条主河流和 24 条支流，百余条沟溪横穿沿江平原。黑土主要分布于漫岗丘陵区，占全境 28.5%，土质较为疏松，抗水力侵蚀能力极弱。

1. 保护水土资源价值

(1) 预防和减少土壤流失。2016 年宾县共减少土壤流失量 794.44 万 t，其中，耕地、林地、草地分别减少 276.27 万 t、465.78 万 t、52.39 万 t，得出预防和减少土壤流失价值为 50.44 亿元。

(2) 提高土壤质量和土地生产力。2016 年宾县共减少土壤流失量为 794.44 万 t，按照当地市场价格测算折纯后各肥料价值，得出提高土壤质量和土地生产力价值为 53.04 亿元。

(3) 拦蓄地表径流、增加土壤入渗、提高水源涵养能力。2016 年，宾县各类地貌植被拦蓄地表径流 3.03 万 m^3，耕地、林地、草地分别拦蓄 2.04 万 m^3、0.51 万 m^3、0.48 万 m^3，根据当地水价，计算得出涵养水源价值 0.0013 亿元。

2. 防灾减灾价值

2016 年，全县减少土壤侵蚀 794.44 万 t，按 30% 的侵蚀量淤积河道计算，泥沙容重取 1.45g/cm^3，挖取和运输的人工费按 6.5 元/m^3 计，减少淤积价值为 0.11 亿元。

3. 改善生态价值

(1) 改善生物多样性。Shannon-Wiener 指数多介于 2～3 之间，物种多样性保育价值按 10000 元/(hm^2·a) 计。2016 年，全县林地面积 6.59 万 hm^2，保护生物多样性价值 6.59 亿元。

(2) 固碳释氧。由于我国目前未收取碳税，参考瑞典碳税率为 1200 元/t、氧价值 2148 元/t 进行计算得出固碳释氧价值为 11.37 亿元。

4. 促进社会进步价值

水土保持可以改善区域土地利用结构、农村生产结构、基础设施、燃料等能源结构以及教育文化状况等方面，可以提高人均收入，特别是新增的水土保持经济林及经济作物。但由于目前还无法直接量化计算，未列入计算。

5. 水土保持功能价值总体评价

从保护水土资源、防灾减灾和改善生态等三方面的水土保持功能价值评价结果可知，宾县水土保持功能价值为 121.55 亿元，单位面积价值为 3.16 元/m^2。其中，保护水土资源价值为 103.48 亿元，占总价值的 85.13%，其次为改善生态和防灾减灾功能价值，分别占总价值的 14.78% 和 0.09%，见表 4-2。

表 4 - 2　　　　　　　　宾县水土保持功能价值

一级功能	二级功能	价值/亿元	所占比/%	所占比/%	单位面积价值/（元/m²）
保护水土资源	预防和减少土壤流失	50.44	48.74	85.13	2.69
	提高土壤质量和土地生产力	53.04	51.26		
	拦蓄地表径流、增加土壤入渗、提高水源涵养能力	0.0013	0.00		
	小　计	103.48	100.00		
防灾减灾	减轻下游泥沙危害	0.11		0.09	0.00
	小　计	0.11			
改善生态	改善生物多样性	6.59	36.69	14.78	0.47
	固碳释氧	11.37	63.31		
	小　计	17.96	100.00		
合　计		121.55		100.00	3.16

4.3.2　黑龙江省嫩江县

嫩江县国土总面积为 15211.43km²，海拔区间为 193～729.7m，年均日照时间为 2728.2h，无霜期为 80～130 天，年均气温较低，只有 0.4℃，整个地区的湿度变化比较大，总体来说，夏天和冬天的湿度较大，都会超过 70%，春季和秋季都小于 70%。降雨主要受季风影响，冷暖气流交替，主要集中在 6—9 月，年降雨量为 140～150mm。受当地气候以及自然环境影响较大，土壤主要类型为沼泽土、黑土、暗棕壤以及部分草甸土。累计治理水土流失面积为 14551.58 km²。

1. 保护水土资源价值

（1）预防和减少土壤流失。2016 年全县各类措施共减少土壤流失量 1.19 亿 t，其中，耕地、林地和草地分别减少 0.4 亿 t、0.54 亿 t、0.19 亿 t。土壤容重为 1.35g/cm³，预防和减少土壤流失价值为 42.98 亿元。

（2）提高土壤质量和土地生产力。2016 年全县各类措施共减少土壤流失量 1.19 亿 t，按照当地市场价格测算折纯后各肥料价值，得出提高土壤质量和土地生产力价值为 80.61 亿元。

（3）拦蓄地表径流、增加土壤入渗、提高水源涵养能力。2016 年全县各类措施拦蓄地表径流 2.4 亿 m³。其中，耕地、林地、草地分别拦蓄 0.59 亿 m³、1.30 亿 m³、0.51 亿 m³。根据当地水价，计算得出涵养水源价值为 11.33 亿元。

2. 防灾减灾价值

2016年，全县减少土壤侵蚀1.19亿t，按30%侵蚀量淤积河道计算，泥沙容重取1.45g/cm³，挖取和运输人工费按6.5元/m³计算，减少淤积总价值为1.6亿元。

3. 改善生态价值

（1）改善生物多样性。Shannon-Wiener指数多介于2～3之间，物种多样性保育价值按10000元/（hm²·a）计。2016年，全县林地面积275.44万hm²，保护生物多样性价值275.44亿元。

（2）固碳释氧。参考瑞典碳税率和氧价值，固碳释氧价值为475.27亿元。

4. 促进社会进步价值

水土保持可以改善区域土地利用结构、农村生产结构、基础设施、燃料等能源结构以及教育文化状况等方面，可以提高人均收入，特别是新增的水土保持经济林及经济作物。但由于目前还无法直接量化计算，未列入计算。

5. 水土保持功能价值总体评价

从保护水土资源、防灾减灾和改善生态等三方面的水土保持功能价值评价结果可知，嫩江县水土保持功能价值为887.23亿元，单位面积服务价值为5.83元/m²。其中改善生态价值为750.71亿元，占总价值的84.61%，其次为保护水土资源和防灾减灾功能价值，分别占15.21%和0.18%，见表4-3。

表4-3   嫩江县水土保持功能价值

一级功能	二 级 功 能	价值/亿元	所占比例/%	所占比例/%	单位面积价值/（元/m²）
保护水土资源	预防和减少土壤流失	42.98	31.85	15.21	0.89
	提高土壤质量和土地生产力	80.61	59.75		
	拦蓄地表径流、增加土壤入渗、提高水源涵养能力	11.33	8.40		
	小　计	134.92	100.00		
防灾减灾	减轻下游泥沙危害	1.6		0.18	0.01
	小　计	1.6			
改善生态	改善生物多样性	275.44	36.69	84.61	4.94
	固碳释氧	475.27	63.31		
	小　计	750.71	100.00		
合　计		887.23		100.00	5.83

4.3.3 黑龙江省海伦市

海伦市位于黑龙江省中部,绥化地区的东北部,由小兴安岭西麓向松嫩平原中北部的过渡地带,属于松嫩平原的一部分。该市国土总面积为4670km²,海拔最高为471m,最低为147m,境内地形无高山峻岭,多是波状起伏的漫川漫岗地。地势从东北到西南呈阶梯状逐渐降低。土壤母质为第四纪黄土状母质。土壤类型主要为黑土和草甸土,黑土土层深厚,广泛分布在中部地区;草甸土主要分布在东西部、中部及东北部地区,此外还有暗棕土、白浆土、沼泽土、水稻土等土壤类型。累计治理水土流失面积为2778.57km²。

1. 保护水土资源价值

(1) 预防和减少土壤流失。海伦市各类措施共减少土壤流失量为1500万t,其中,耕地减少0.14亿t,草地减少0.007亿t。计算得出预防和减少土壤流失价值为10.69亿元。

(2) 提高土壤质量和土地生产力。2016年海伦市共减少土壤流失量为1500万t,按照当地市场价格测算折纯后各肥料价值,得出提高土壤质量和土地生产力价值为11.29亿元。

(3) 拦蓄地表径流、增加土壤入渗、提高水源涵养能力。2016年度全县各类措施拦蓄地表径流9.82亿m³。其中,耕地拦蓄9.8亿m³,草地拦蓄0.02亿m³。根据当地水价,计算得出涵养水源价值为29.45亿元。

2. 防灾减灾价值

2016年海伦市减少土壤侵蚀1500万t,按30%侵蚀量淤积河道计算,泥沙容重取1.45g/cm³,人工费按57.48元/m³计算,减少淤积价值为16.68亿元。

3. 改善生态价值

(1) 改善生物多样性。Shannon-Wiener指数多介于2~3之间,物种多样性保育价值按10000元/(hm²·a)计。2016年,全市林地面积2.6万hm²,保护生物多样性价值2.6亿元。

(2) 固碳释氧。参考瑞典碳税率和氧价值,计算得出固碳释氧价值为3.10亿元。

4. 促进社会进步价值

水土保持可以改善区域土地利用结构、农村生产结构、基础设施、燃料等能源结构以及教育文化状况等方面,可以提高人均收入,特别是新增的水土保持经济林及经济作物。但由于目前还无法直接量化计算,未列入计算。

5. 水土保持功能价值总体评价

从保护水土资源、防灾减灾和改善生态等三方面的水土保持功能评价结果可知，海伦市水土保持功能价值为 73.81 亿元，单位面积价值为 1.58 元/m²。其中保护水土资源价值为 51.43 亿元，占总价值的 69.68%；其次为防灾减灾和改善生态功能价值，分别占 22.60% 和 7.72%，见表 4-4。

表 4-4　　　　　　　海伦市水土保持功能价值

一级功能	二 级 功 能	价值/亿元	所占比例/%	所占比例/%	单位面积价值/(元/m²)
保护水土资源	预防和减少土壤流失	10.69	20.79	69.68	1.10
	提高土壤质量和土地生产力	11.29	21.95		
	拦蓄地表径流、增加土壤入渗、提高水源涵养能力	29.45	57.26		
	小　计	51.43	100.00		
防灾减灾	减轻下游泥沙危害	16.68		22.60	0.36
	小　计	16.68			
改善生态	改善生物多样性	2.60	45.63	7.72	0.12
	固碳释氧	3.10	54.37		
	小　计	5.70	100.00		
合　计		73.81		100.00	1.58

4.3.4　内蒙古自治区扎兰屯市

扎兰屯市位于内蒙古自治区呼伦贝尔市南端，全市国土面积 16912km²。扎兰屯市属中温带大陆性半湿润气候区，太阳辐射强烈，日照资源丰富，气温年、月差别较大，无霜期短，平均 114～121 天。春季干旱、风大、升温快，秋季降温剧烈，夏季短促，冬季漫长寒冷。扎兰屯市境内河流密布，水网发达，形成音河、雅鲁河、济沁河、罕达罕河、小绰尔河 5 个流域，均属嫩江水系右岸支流，流域总面积 16926.3km²，多年地表径流量 24.13 亿 m³，可利用量 2.15 亿 m³。水资源比较丰富，多年平均水资源总量为 24.67 亿 m³。但是，农田水利设施不完善，水资源利用率低。累计治理水土流失面积 16458km²。

1. 保护水土资源价值

（1）预防和减少土壤流失。扎兰屯市各类措施共减少土壤流失量为 0.03 亿 t，其中，耕地、草地和林地分别减少 0.07 亿 t、0.01 亿 t、0.02 亿 t，预防和减少土壤流失价值为 10.28 亿元。

（2）提高土壤质量和土地生产力。扎兰屯市各类措施共减少土壤流失量为 0.10 亿 t，按照当地市场价格测算折纯后各肥料价值，得出提高土壤质量和土地生产力价值为 4.22 亿元。

（3）拦蓄地表径流、增加土壤入渗、提高水源涵养能力。扎兰屯市各类措施拦蓄地表径流量为 0.039 亿 m³。其中，耕地拦蓄 0.03 亿 m³，林地拦蓄 0.006m³，草地拦蓄地表径流量 0.003 亿 m³。根据当地水价，计算得出涵养水源价值为 11.63 亿元。

2. 防灾减灾价值

主要测算减轻下游泥沙危害。扎兰屯市减少土壤侵蚀 0.10 亿 t，按 30% 的侵蚀量淤积河道计算，泥沙容重取 1.45g/cm³，挖取和运输的人工费按 49.97 元/m³ 计，减少淤积价值为 1.06 亿元。

3. 改善生态价值

（1）改善生物多样性。Shannon－Wiener 指数多介于 2～3 之间，物种多样性保育价值按 10000 元/(hm²·a) 计。2016 年，全市林地面积 55.37 万 hm²，保护生物多样性价值 55.37 亿元。

（2）固碳释氧。参考瑞典碳税率和氧价值，计算得出固碳释氧价值为 95.53 亿元。

4. 促进社会进步价值

水土保持可以改善区域土地利用结构、农村生产结构、基础设施、燃料等能源结构以及教育文化状况等方面，可以提高人均收入，特别是新增的水土保持经济林及经济作物。但由于目前还无法直接量化计算，未列入计算。

5. 水土保持功能价值总体评价

从保护水土资源、防灾减灾和改善生态等三方面的水土保持功能价值评价结果可知，扎兰屯市水土保持功能价值为 178.09 亿元，单位面积价值为 1.05 元/m²。其中改善生态价值为 150.90 亿元，占总价值的 84.73%；其次为保护水土资源和防灾减灾功能价值，分别占 14.67% 和 0.60%，见表4－5。

表 4－5　　　　　　扎兰屯市水土保持功能价值

一级功能	二 级 功 能	价值/亿元	所占比例/%	所占比例/%	单位面积价值/(元/m²)
保护水土资源	预防和减少土壤流失	10.28	39.34	14.67	2.26
	提高土壤质量和土地生产力	4.22	16.15		
	拦蓄地表径流、增加土壤入渗、提高水源涵养能力	11.63	44.51		
	小　　计	382.79	100.00		

续表

一级功能	二级功能	价值 /亿元	所占比例 /%	所占比例 /%	单位面积价值 /(元/m²)
防灾减灾	减轻下游泥沙危害	1.06		0.60	0.01
	小　计	1.06			
改善生态	改善生物多样性	55.37	5.48	84.73	0.89
	固碳释氧	95.53	94.52		
	小　计	150.90	100.00		
合　计		178.09		100.00	1.05

4.4　区域水土保持功能价值

依据目前可获取的参数指标计算，本研究仅测算了保护水土资源、防灾减灾和改善生态等三方面价值。结果表明，东北黑土区 2016 年度水土保持功能价值为 30619.78 亿元，单位面积价值为 3.16 元/m²，见表 4-6。

表 4-6　　　　东北黑土区 2016 年度水土保持功能价值

一级功能	二级功能	价值 /亿元	所占比例 /%	所占比例 /%	单位面积价值 /(元/m²)
保护水土资源	预防和减少土壤流失	4350.75	46.00	30.89	0.98
	提高土壤质量和土地生产力	1810.29	19.14		
	拦蓄地表径流、增加土壤入渗、提高水源涵养能力	3298.06	34.86		
	小　计	9459.10	100.00		
防灾减灾	减轻下游泥沙危害	2134.13		6.97	0.22
	小　计	2134.13			
改善生态	改善生物多样性	4022.21	21.14	62.14	1.96
	固碳释氧	15004.34	78.86		
	小　计	19026.55	100.00		
合　计		30619.78		100.00	3.16

第5章

北方风沙区水土保持功能价值

5.1 区域自然环境与经济社会概况

5.1.1 自然环境概况

　　北方风沙区位于大兴安岭以西、阴山—祁连山—阿尔金山—昆仑山以北的广大地区，总面积约 239 万 km²。涉及新疆、甘肃、内蒙古和河北四省（自治区）共 145 个县（市、区、旗）。该区大部分位于我国第二级地势阶梯，平均海拔约为 1500m，主要以高原、山地和盆地为主要地貌，分布有大面积戈壁、沙漠和沙地。北方风沙区属温带大陆性气候，从北到南分为中温带、暖温带和高原气候带 3 个气候带，该区是我国气温年较差和日较差最大的地区，冬季寒冷，月平均气温 1 月最低，在北部与东北的中温地区低于−10℃，南部的暖湿地区为−10～−5℃。夏季炎热，月平均气温 7 月最高，大部分地区为 20～30℃。该区日照时数 2000～3600h，不小于 10℃积温在大多数平原地区大于 2500℃。全区降水稀少、蒸发量大，大风及沙尘暴频繁，年均风速 2～4.5m/s，全年大风日数 10～45 天；降水量一般少于 200mm，干燥指数不小于 1.5。该区土壤类型以栗钙土、棕钙土、灰钙土、风沙土和棕壤土为主，有机质含量很低，土壤剖面厚度很薄，表层风力侵蚀或堆积作用强烈。该区植被类型以温带荒漠灌木及半灌木、典型草原、疏林灌木草原、山地草原及高寒草甸为主，局部高山地区分布森林。温带荒漠灌木及半灌木主要分布在阿拉善高原、河西走廊、准噶尔盆地和塔里木盆地，其中准噶尔盆地（东部除外）属于中亚西部的西部荒漠区域，该地区的白梭梭、沙拐枣、旱蒿亚属的蒿类、小蓬等构成地带性的荒漠植被，东疆、阿拉善高原、河西走廊、塔里木盆地属于亚洲中部的东部荒漠亚区域，该地区以泡刺、霸王、裸果木、珍珠猪毛菜、富叶猪毛菜、白刺、沙拐枣等荒漠灌木与半灌木为建群种。典型草原和疏林灌木草原植被带主要位于内蒙古高原东部，包括锡林郭勒草原、乌兰察布草原、张北草原等，年均降水量在 400mm 以下，地带性植被类型是由针茅构成的典型草原。山地草原、高寒草甸和森林主要分布于阿尔泰山、天山、祁连山等山区，山地草原主要以针茅、羊茅、冰草等为优势种，高山森林主要以雪岭云杉为主。

5.1.2　社会经济状况

该区总人口 2934.41 万人，占全国总人口的 2.19%。农业人口 1241.57 万人，占该区人口总数的 42.31%，农业劳力 915.18 万人，人口密度 12 人/km²。近年来该区人口增长较快，大部分聚集在绿洲地区和自然条件较好的地区，给生态、资源、环境带来了较大压力。过度开垦和放牧、毁林毁草、水资源不合理利用等，使得本来就很脆弱的生态环境进一步恶化，土地沙化、草场退化、水土流失等问题比较严重。同时，该区城镇化水平和人力资本存量较低，严重制约着社会经济可持续发展。耕地面积 754.35 万 hm²，占全区总面积的 3.15%；林地面积 173.68 万 hm²，占全区总面积的 4.91%；园地面积 66.18 万 hm²，占全区总面积的 0.28%；草地面积 9151.68 万 hm²，占全区总面积的 38.26%；其他利用类型土地的土地面积 12775.29 万 hm²，占全区总面积的 53.41%。未利用土地较多，主要为沙漠、戈壁等。

5.1.3　水土流失概况

北方风沙区水土流失面积为 141.66 万 km²，占国土总面积的 60.32%。该区以风力侵蚀占主导，面积 130.16 万 km²，占国土总面积的 55.43%；水力侵蚀面积 11.50 万 km²，占国土总面积的 4.90%。按侵蚀强度分，轻度侵蚀面积为 63.29 万 km²、中度侵蚀面积为 18.25 万 km²、强烈侵蚀面积为 15.96 万 km²、极强烈侵蚀面积为 17.83 万 km² 和剧烈侵蚀面积为 26.32 万 km²，分别占水土流失总面积的 44.68%、12.89%、11.26%、12.59% 和 18.58%。水力侵蚀面积占水土流失总面积的 8.11%，其中，轻度侵蚀面积为 8.51 万 km²、中度侵蚀面积为 2.36 万 km²、强烈侵蚀面积为 0.43 万 km²、极强烈侵蚀面积为 0.16 万 km² 和剧烈侵蚀面积为 0.03 万 km²，分别占水力侵蚀总面积的 74.06%、20.50%、3.78%、1.38% 和 0.28%。风力侵蚀面积占水土流失总面积的 91.89%，其中，轻度侵蚀面积为 54.78 万 km²、中度侵蚀面积为 15.90 万 km²、强烈侵蚀面积为 15.52 万 km²、极强烈侵蚀面积为 17.67 万 km² 和剧烈侵蚀面积为 26.29 万 km²，分别占风力侵蚀面积的 42.08%、12.21%、11.93%、13.58% 和 20.20%。此外，还存在冻融侵蚀 9.42 万 km²，占国土总面积的 4.01%。冻融侵蚀绝大部分位于新疆维吾尔自治区，占该区冻融侵蚀面积的 99.27%。

5.2　计算参数

本节研究物质量测算数据主要来源于国家统计年鉴、全国水土保持公报、典型县监测数据、2016—2017年国民经济和社会发展统计公报以及相关文献资料。价值量基础数据来源于当地市场调查，见表5-1。

表5-1　　　　　　　　　　北方风沙区主要计算参数取值及依据

典型县 参数名称		乌鲁木齐县	哈萨克自治州	克拉玛依市	依　据　说　明
土地年均收益 /(元/hm²)	耕地	59100	35200	37900	2016年各县国民经济和社会发展统计公报、统计年鉴
	林地	5000	5000	5000	
	草地	15000	15000	15000	
化肥价格 /(元/t)	氮肥	13999	13999	13999	2016年化肥市场价格（折纯价）
	磷肥	14333	14333	14333	
	钾肥	13666	13666	13666	
	有机质	4500	4500	4500	
土壤养分含量 /(g/kg)	氮	0.06	5.18	0.32	全国第二次土壤普查数据
	速效磷	0.01	0.01	0.004	
	速效钾	0.32	0.32	0.36	
	有机质	28.30	96.00	49.00	
水价/(元/m³)		3.20	3.10	2.20	2016年各县生活用水阶梯价格
清淤价格/(元/m³)		55.66	48.28	44.97	调查数据（各县水库工程投资规模推算）
土壤容重/(g/cm³)		1.35	1.35	1.35	调查数据
物种保育价值 /[元/(hm²·a)]		10000	10000	10000	《森林生态系统服务功能评估规范》（LY/T 1721—2008）
碳税率/(元/t)		1200	1200	1200	参照瑞典数据
氧气价格/(元/t)		2148	2148	2148	参照瑞典数据

5.3　典型县水土保持功能价值

5.3.1　新疆维吾尔自治区乌鲁木齐县

乌鲁木齐县位于乌鲁木齐市，全县国土总面积4212km²。乌鲁木齐县南依天山支脉喀拉乌成山，中间为低陷冲积平原，向西北延展与准噶尔盆地相连。喀拉乌成山的天格尔峰海拔 4487.4m，为南部最高点；北部青格达湖水面海拔 504.00m，为境内最低点。县境地势东南高，西北低，坡降 12‰～15‰，由南向北逐渐下倾。乌鲁木齐县地处亚欧大陆腹地，属温带大陆性气候，温差大，寒暑变化剧烈，日照时数长，热量充足。平原、低山农区年平均气温 5～7℃，南山前山带为 2～5℃，其他地区随海拔的增高而降低。平原、低山农区最热月 7 月极端最高气温 42℃，最冷月 1 月极端最低气温 −41.5℃，年均降水量 208.4mm，年均蒸发量 2616.9mm，年均无霜期 179d，年均日照时数 2813.5h。累计水土流失综合治理面积为 57.08km²。

1. 保护水土资源价值

(1) 预防和减少土壤流失。全县各类措施共减少土壤流失量为 2.13 万 t，其中，耕地减少 0.84t，草地减少 21167.86t。计算得出预防和减少土壤流失价值为 1.76 亿元。

(2) 提高土壤质量和土地生产力。按照当地市场价格测算折纯后各肥料价值，得出提高土壤质量和土地生产力价值为 7.38 亿元。

(3) 拦蓄地表径流、增加土壤入渗、提高水源涵养能力。2016 年各类措施拦蓄地表径流量为 2.14 亿 m³。根据当地水价，计算得出涵养水源价值 34.27 亿元。

2. 防灾减灾价值

主要测算减轻下游泥沙危害。全县减少土壤流失量 2.13 万 t，按 30% 侵蚀量淤积河道计算，泥沙容重取 1.45g/cm³，挖取和运输人工费按 55.66 元/m³ 计算，减少淤积价值为 7.06 亿元。

3. 改善生态价值

(1) 改善生物多样性。Shannon‐Wiener 指数多介于 2～3 之间，物种多样性保育价值按 10000 元/(hm²·a) 计。2016 年，全县林地面积 2.85 万 hm²，保护生物多样性价值 2.85 亿元。

(2) 固碳释氧。参考瑞典碳税率和氧价值，计算得出固碳释氧价值为 4.08 亿元。

4. 促进社会进步价值

水土保持可以改善区域土地利用结构、农村生产结构、基础设施、燃料等能源结构以及教育文化状况等方面，可以提高人均收入，特别是新增的水土保持经济林及经济作物。但由于目前还无法直接量化计算，未列入计算。

5. 水土保持功能价值总体评价

从保护水土资源、防灾减灾和改善生态等三方面的水土保持功能价值评价结果可知，乌鲁木齐县水土保持功能价值为 57.40 亿元，单位面积价值为

1.36 元/m²。其中保护水土资源价值为 43.41 亿元，占总价值的 75.63%；其次为防灾减灾和改善生态功能价值，分别占 12.29% 和 12.08%，见表 5-2。

表 5-2 乌鲁木齐县水土保持功能价值

一级功能	二级功能	价值/亿元	所占比例/%	所占比例/%	单位面积价值/(元/m²)
保护水土资源	预防和减少土壤流失	1.76	4.06	75.63	1.03
	提高土壤质量和土地生产力	7.38	17.00		
	拦蓄地表径流、增加土壤入渗、提高水源涵养能力	34.27	78.94		
	小　计	43.41	100.00		
防灾减灾	减轻下游泥沙危害	7.06		12.29	0.17
	小　计	7.06			
改善生态	改善生物多样性	2.85	41.16	12.08	0.16
	固碳释氧	4.08	58.84		
	小　计	6.93	100.00		
合　计		57.40		100.00	1.36

5.3.2 新疆维吾尔自治区哈萨克自治州

伊犁哈萨克自治州位于新疆维吾尔自治区西部天山北部的伊犁河谷内，国土总面积 35 万 km²。伊犁哈萨克自治州极端最高气温 42.8℃，极端最低气温 -51.0℃，其中伊犁河谷年平均气温 10.4℃，塔城地区年平均气温 8.7℃，阿勒泰地区年平均气温 5.8℃。伊犁河谷和山区年均降水量分别为 417.6mm、600mm，塔城盆地和山区分别为 342.7mm、400mm 左右，阿勒泰山区为 202.6mm，其余地区为 100～200mm。伊犁河谷年平均日照时数 2898.4h，塔城地区 2714.7h，阿勒泰地区 2976.8h。森林面积 88 万 hm²，活立木总蓄积量 1.6 亿 m³。境内有河流 208 条，年径流量 363.20 亿 m³，其中地表水自产 319.6 亿 m³、地下水 186.08 亿 m³、山区 139 亿 m³、平原 106.44 亿 m³，实际控制流量为 360.67 亿 m³。累计治理水土流失面积为 206974km²。

1. 保护水土资源价值

(1) 预防和减少土壤流失。2016 年度各类措施共减少土壤流失量为 0.76 亿 t，其中，耕地减少 0.06 亿 t，草地减少 0.70 亿 t。计算得出预防和减少土壤流失价值为 636.67 亿元。

(2) 提高土壤质量和土地生产力。2016 年度各类措施共减少土壤流失量为 0.76 亿 t，按照当地市场价格测算折纯后各肥料价值，得出提高土壤质量和土地生产力价值为 269.70 亿元。

（3）拦蓄地表径流、增加土壤入渗、提高水源涵养能力。各类措施拦蓄地表径流量为 678.46 亿 m^3。根据当地水价，计算得出涵养水源价值为 1085.54 亿元。

2. 防灾减灾价值

主要计算减轻下游泥沙危害。全州减少土壤流失量 0.76 亿 t，按 30% 侵蚀量淤积河道计算，泥沙容重取 1.45g/cm^3，挖取和运输人工费按 48.28 元/m^3 计算，减少淤积价值为 254.67 亿元。

3. 改善生态价值

（1）改善生物多样性。Shannon - Wiener 指数多介于 2～3 之间，物种多样性保育价值按 10000 元/（hm^2 · a）计。2016 年，哈萨克自治州林地面积 947.56 万 hm^2，保护生物多样性价值 947.56 亿元。

（2）固碳释氧。参考瑞典碳税率和氧价值，计算得出固碳释氧价值为 1354.54 亿元。

4. 促进社会进步价值

水土保持可以改善区域土地利用结构、农村生产结构、基础设施、燃料等能源结构以及教育文化状况等方面，可以提高人均收入，特别是新增的水土保持经济林及经济作物。但由于目前还无法直接量化计算，未列入计算。

5. 水土保持功能价值总体评价

从保护水土资源、防灾减灾和改善生态等三方面的水土保持功能价值评价结果可知，伊犁哈萨克自治州水土保持功能价值为 4548.68 亿元，单位面积服务价值为 1.02 元/m^2。其中改善生态价值为 2302.10 亿元，占总价值的 50.61%；其次为保护水土资源和防灾减灾功能价值，分别占 43.79% 和 5.60%，见表 5-3。

5.3.3　新疆维吾尔自治区克拉玛依市

克拉玛依市位于准噶尔盆地西部。西北傍加依尔山，南依天山北麓，东濒古尔班通古特沙漠。克拉玛依市国土总面积 7733km^2，海拔 270.00～500.00m。克拉玛依市属典型的温带大陆性气候。其特点是寒暑差异悬殊，干燥少雨，春秋季风多，冬夏温差大。积雪薄，蒸发快，冻土深。大风、寒潮、冰雹、山洪等灾害天气频发。四季中，冬、夏两季漫长，且温差大，春、秋两季为过渡期，换季不明显。累年平均气温为 8.6℃。年均降水量为 108.9mm，蒸发量为 2692.1mm，是同期降水量的 24.7 倍，无霜期 232.3 天。克拉玛依市全境大部分为戈壁荒漠，从南到北分布的土壤依次为棕钙土、荒

表 5 - 3　　　　　　　　伊犁哈萨克自治州水土保持功能价值

一级功能	二级功能	价值/亿元	所占比例/%	所占比例/%	单位价值/(元/m²)
保护水土资源	预防和减少土壤流失	636.67	31.96	43.79	0.44
	提高土壤质量和土地生产力	269.70	13.54		
	拦蓄地表径流、增加土壤入渗、提高水源涵养能力	1085.54	54.50		
	小　计	1991.91	100.00		
防灾减灾	减轻下游泥沙危害	254.67		5.60	0.12
	小　计	254.67			
改善生态	改善生物多样性	947.56	41.16	50.61	0.46
	固碳释氧	1354.54	58.84		
	小　计	2302.10	100.00		
合　计		4548.68		100.00	1.02

漠灰钙土和灰棕色荒漠土，土中多含砂砾，土质低劣，境内不少地方土壤含盐量很高。境内有自然林地约 281km²，主要是胡杨次生林和荒漠灌木林。累计治理水土流失面积为 2662.23km²。

1. 保护水土资源价值

（1）预防和减少土壤流失。克拉玛依市地区各类措施共减少土壤流失量为 0.013 亿 t，其中，耕地减少 9.3 万 t，园地减少 0.03 万 t，林地减少 108.39 万 t，草地减少 9.75 万 t。计算得出预防和减少土壤流失价值为 1.06 亿元。

（2）提高土壤质量和土地生产力。2016 年全市各类措施共减少土壤流失量为 0.013 亿 t，按照当地市场价格测算折纯后各肥料价值，得出提高土壤质量和土地生产力价值为 0.78 亿元。

（3）拦蓄地表径流、增加土壤入渗、提高水源涵养能力。各类措施拦蓄地表径流量为 2.9 亿 m³。根据当地水价，计算得出涵养水源价值为 46.39 亿元。

2. 防灾减灾价值

2016 年全市减少土壤流失量 0.013 亿 t，按 30% 的侵蚀量淤积河道计算，泥沙容重取 1.45g/cm³，挖取和运输的人工费按 44.97 元/m³ 计算，减少淤积总价值为 1.47 亿元。

3. 改善生态价值

（1）改善生物多样性。Shannon - Wiener 指数多介于 2～3 之间，物种多样性保育价值按 10000 元/(hm²·a) 计。2016 年，全市林地面积 10.67 万 hm²，保护生物多样性价值 10.67 亿元。

（2）固碳释氧。参考瑞典碳税率和氧价值，计算得出固碳释氧价值为18.4 亿元。

4. 促进社会进步价值

水土保持可以改善区域土地利用结构、农村生产结构、基础设施、燃料等能源结构以及教育文化状况等方面，可以提高人均收入，特别是新增的水土保持经济林及经济作物。但由于目前还无法直接量化计算，未列入计算。

5. 水土保持功能价值总体评价

从保护水土资源、防灾减灾和改善生态等三方面的水土保持功能价值评价结果可知，克拉玛依市水土保持功能价值为 78.78 亿元，单位面积价值为 1.02 元/m^2。其中保护水土资源价值为 48.24 亿元，占总价值的 61.23%，其次为改善生态和防灾减灾功能，分别占 36.90% 和 1.87%，见表 5-4。

表 5-4　　　　　　　　克拉玛依市水土保持功能价值

一级功能	二级功能	价值/亿元	所占比例/%	所占比例/%	单位面积价值/(元/m^2)
保护水土资源	预防和减少土壤流失	1.06	2.20	61.23	0.62
	提高土壤质量和土地生产力	0.79	1.63		
	拦蓄地表径流、增加土壤入渗、提高水源涵养能力	46.39	96.17		
	小　计	48.24	100.00		
防灾减灾	减轻下游泥沙危害	1.47		1.87	0.02
	小　计	1.47			
改善生态	改善生物多样性	10.67	36.70	36.90	0.38
	固碳释氧	18.40	63.30		
	小　计	29.07	100.00		
合　计		78.78		100.00	1.02

5.4 区域水土保持功能价值

依据目前可获取的参数指标计算，本研究仅测算了保护水土资源、防灾减灾和改善生态等三方面价值，结果表明，北方风沙区 2016 年度水土保持功能价值为 14378.19 亿元，单位面积价值为 1.29 元/m^2，见表 5-5。

表 5-5   北方风沙区 2016 年度水土保持功能价值

一级功能	二 级 功 能	价值/亿元	所占比例/%	所占比例/%	单位面积价值/(元/m²)
保护水土资源	预防和减少土壤流失	1962.31	30.69	44.47	0.57
	提高土壤质量和土地生产力	852.96	13.34		
	拦蓄地表径流、增加土壤入渗、提高水源涵养能力	3578.71	55.97		
	小　计	6393.98	100.00		
防灾减灾	减轻下游泥沙危害	808.05		5.62	0.07
	小　计	808.05			
改善生态	改善生物多样性	2950.12	41.11	49.91	0.64
	固碳释氧	4226.04	58.89		
	小　计	7176.16	100.00		
合　计		14378.19		100.00	1.29

第6章

北方土石山区水土保持功能价值

6.1 区域自然环境与经济社会概况

6.1.1 自然环境概况

北方土石山区位于中国中东部地区，国土总面积 81 万 km²，涉及北京、天津、河北、内蒙古、辽宁、山西、河南、山东、江苏和安徽 10 省（直辖市、自治区）共 665 个县（市、区、旗）。北方土石山区位于我国第三级地势阶梯，平均海拔 150m。区内山地和平原呈环抱态势。该区属于温带季风气候，南北之间纬度差异较大，自北向南分属于中温带、暖温带和北亚热带 3 个气候带。北部永定河、北三河（潮白河、蓟运河、北运河）流域年均气温为 5.6℃，南部淮河流域年均气温则为 14.5℃。多年平均降水量由南到北，从 1000mm 左右逐渐降低到 400mm 左右。无霜期南北差异较大，不小于 10℃积温 2100～4500℃，区内平均不小于 10℃积温 4000℃，区内干燥指数平均为 1.0。土壤类型自北向南主要是褐土、黄棕壤和潮土三大类，土质松散、沙性强。褐土广泛分布在燕山、太行山低山丘陵区辽西、豫西山地丘陵区，黄棕壤集中分布在辽宁环渤海山地丘陵区、泰沂及胶东山地丘陵区，潮土在华北平原地区大量分布。北方土石山区除西部和西北部山地丘陵区有森林分布外，大部分为农业耕作区，整体林草覆盖率低。植被类型主要为温带落叶阔叶林、温带落叶灌丛和温带草原。温带落叶阔叶林主要分布在辽宁环渤海山地丘陵区、泰沂及胶东山地丘陵区、豫西南山地丘陵区、燕山及辽西山地丘陵区等地，代表树种有白桦、山杨、蒙古栎等；温带落叶灌丛主要分布在燕山及辽西山地丘陵区、太行山山地丘陵区；温带草原大面积分布在燕山及辽西山地丘陵区，是内蒙古草原的一部分，主要包括针茅草原和羊草草原，优势植物有克氏针茅、短花针茅、大针茅、羊草、冰草等。

6.1.2 社会经济状况

该区总人口 37584.95 万人，占全国总人口的 28.04%。农业人口 18750.85 万人，占总人口的 49.89%，人口密度为 464 人/km²。地区生产总值 165587.61 亿元，占我国国内生产总值的 31.76%。其中，农业总产值 19176.43 亿元，占地区生产总值的 11.58%。农业人均年纯收入 7359 元。全区煤、石油、铁等矿产蕴藏量位居全国前列，有著名的大同、阳泉、焦作、淮南等煤矿区和华北、大港、胜利等油田；沿海是重要的盐产区。粮食总产量 24409.70 万 t，农业人均产量 1301.79kg。在农村产业结构中，农业生产和工业、副业生产占主导地位，林、牧、渔各业在总产值中所占比例较小，处于农业的从属地位。该区耕地 3229.01 万 hm²，占全区总面积的 40.04%；园地 264.15 万 hm²，占全区总面积的 3.28%；林地 1609.42 万 hm²，占全区总面积的 19.96%；草地 972.86 万 hm²，占全区总面积的 12.06%；其他利用类型土地面积为 1989.19 万 hm²，占全区总面积的 24.66%。

6.1.3 水土流失概况

该区水土流失以轻中度为主，水土流失总面积为 18.99 万 km²，占国土总面积的 23.77%，其中，水蚀 16.62 万 km²，占国土总面积的 20.79%；风蚀 2.38 万 km²，占国土总面积的 2.98%。按侵蚀强度分，轻度侵蚀为 9.99 万 km²、中度侵蚀为 5.21 万 km²、强烈侵蚀为 2.37 万 km²、极强烈侵蚀为 0.94 万 km² 和剧烈侵蚀为 0.49 万 km²，分别占水土流失总面积的 52.57%、27.44%、12.49%、4.94% 和 2.56%。水力侵蚀面积占水土流失总面积的 87.48%，其中，轻度侵蚀为 8.36 万 km²、中度侵蚀为 4.89 万 km²、强烈侵蚀为 2.33 万 km²、极强烈侵蚀为 0.81 万 km² 和剧烈侵蚀为 0.23 万 km²，分别占水力侵蚀总面积的 50.30%、29.42%、14.02%、4.87% 和 1.39%。风力侵蚀面积占水土流失总面积的 12.52%，其中，轻度侵蚀为 1.63 万 km²、中度侵蚀为 0.32 万 km²、强烈侵蚀为 0.04 万 km²、极强烈侵蚀为 0.13 万 km² 和剧烈侵蚀为 0.26 万 km²，分别占风力侵蚀总面积的 68.49%、13.45%、1.68%、5.46% 和 10.92%。

6.2 计算参数

本节研究物质量测算数据主要来源于国家统计年鉴、全国水土保持公报、典型县监测数据、2016—2017 年国民经济和社会发展统计公报以及相关文献资料。价值量基础数据来源于当地市场调查，见表 6-1。

北方土石山区主要计算参数取值及依据

表6-1

参数名称	典型县	台安县	丰宁县	蓟州区	延庆区	易县	平顺县	莱芜市	蒙阴县	泰安市	鲁山县	依据说明
土地年均收益/(元/hm²)	耕地	42400	47600	56800	26800	56700	21600	110400	63100	44200	95600	2016年各县国民经济和社会发展统计公报、统计年鉴
	林地	5000	5000	5000	5000	5000	5000	5000	5000	5000	5000	
	草地	15000	15000	15000	15000	15000	15000	15000	15000	15000	15000	
化肥价格/(元/t)	氮肥	14637	14637	14637	14637	14637	14637	14637	14637	14637	14637	2016年化肥市场价格（折纯价）
	磷肥	15666	15666	15666	15666	15666	15666	15666	15666	15666	15666	
	钾肥	14092	14092	14092	14092	14092	14092	14092	14092	14092	14092	
	有机质	4500	4500	4500	4500	4500	4500	4500	4500	4500	4500	
土壤养分含量/(g/kg)	氮	0.52	2.03	2.03	0.64	2.03	0.68	0.06	0.06	0.05	0.97	全国第二次土壤普查数据
	速效磷	0.003	0.01	0.01	0.01	0.01	0.004	0.004	0.01	0.01	0.003	
	速效钾	0.03	0.19	0.19	0.12	0.19	0.14	0.10	0.06	0.06	0.08	
	有机质	85.00	19.40	19.40	10.00	19.40	9.80	10.10	8.10	7.80	18.80	
水价/(元/m³)		5.62	8.66	5.55	6.07	5.00	2.50	3.65	4.13	5.05	4.70	2016年各县生活用水阶梯价格
清淤价格/(元/m³)		42.05	47.71	53.24	39.87	50.13	47.36	60.17	34.57	58.64	55.27	调查数据（各县水库工程投资规模推算）
土壤容重/(g/cm³)		1.35	1.35	1.35	1.35	1.35	1.35	1.35	1.35	1.35	1.35	调查数据
物种保育价值/[元/(hm²·a)]		10000	10000	10000	10000	10000	10000	10000	10000	10000	10000	《森林生态系统服务功能评估规范》(LY/T 1721—2008)
碳税率/(元/t)		1200	1200	1200	1200	1200	1200	1200	1200	1200	1200	参照端典数据
氧气价格/(元/t)		2148	2148	2148	2148	2148	2148	2148	2148	2148	2148	参照端典数据

6.3 典型县水土保持功能价值

6.3.1 辽宁省台安县

台安县位于辽宁省中部略偏西南，辽河三角洲腹地。地处辽河、浑河、绕阳河的下游，全境南北纵长75km，东西横距50km，总面积为1388km²。台安县地处辽河平原腹地，境内无山，地势平坦，河道纵横，北高南低，自然比降为万分之一，平均海拔6~7m。台安属富水区，为地表水及地下水汇集场，水源充盈，水域辽阔，境内有大小河流14条，总长347.45km，主要包括辽河、浑河和绕阳河。该县属暖温带大陆性半湿润季风气候。特点是四季分明、雨热同期、干冷同季、温度适宜、降水充沛、日照充足、春季风大、冬季寒冷。累计治理水土流失面积为1114.97km²。

1. 保护水土资源价值

（1）预防和减少土壤流失。全县各类措施共减少土壤流失量0.019亿t，其中，耕地、林地和草地分别减少0.013亿t、0.004亿t、0.002亿t。计算得出预防和减少土壤流失价值为12.00亿元。

（2）提高土壤质量和土地生产力。2016年全县各类措施共减少土壤流失量为0.019亿t，按照当地市场价格测算折纯后各肥料价值，得出提高土壤质量和土地生产力价值为4.74亿元。

（3）拦蓄地表径流、增加土壤入渗、提高水源涵养能力。各类措施拦蓄地表径流量为7.19亿m³。根据当地水价，计算得出涵养水源价值为21.56亿元。

2. 防灾减灾价值

主要计算减轻下游泥沙危害。台安县减少土壤流失量0.019亿t，按30%的侵蚀量淤积河道计算，泥沙容重取1.45g/cm³，挖取和运输的人工费按42.05元/m³计算，减少淤积总价值为2.18亿元。

3. 改善生态价值

（1）改善生物多样性。Shannon-Wiener指数多介于2~3之间，物种多样性保育价值按10000元/（hm²·a）计。2016年，全县林地面积5.16万hm²，保护生物多样性价值5.16亿元。

（2）固碳释氧。参考瑞典碳税率和氧价值，得出固碳释氧价值为8.90亿元。

4. 促进社会进步价值

水土保持可以改善区域土地利用结构、农村生产结构、基础设施、燃料等能源结构以及教育文化状况等方面，可以提高人均收入，特别是新增的水土保持经济林及经济作物。但由于目前还无法直接量化计算，未列入计算。

5. 水土保持功能价值总体评价

从保护水土资源、防灾减灾和改善生态等三方面的水土保持功能价值评价结果可知，台安县水土保持功能价值为54.54亿元，单位面积价值为3.92元/m²。其中，保护水土资源价值为38.30亿元，占总体价值的70.22%；其次为改善生态和防灾减灾功能价值，分别占总体价值的25.78%和4.00%，见表6-2。

表6-2　　　　　　　　台安县水土保持功能价值

一级功能	二级功能	价值/亿元	所占比例/%	所占比例/%	单位面积价值/(元/m²)
保护水土资源	预防和减少土壤流失	12.00	31.33	70.22	2.75
	提高土壤质量和土地生产力	4.74	12.37		
	拦蓄地表径流、增加土壤入渗、提高水源涵养能力	21.56	56.30		
	小　计	38.30	100.00		
防灾减灾	减轻下游泥沙危害	2.18		4.00	0.16
	小　计	2.18			
改善生态	改善生物多样性	5.16	36.70	25.78	1.01
	固碳释氧	8.90	63.30		
	小　计	14.06	100.00		
合　计		54.54		100.00	3.92

6.3.2 河北省丰宁满族自治县

丰宁满族自治县位于河北省北部，全县国土总面积8765.0km²，丰宁气候属于中温带半湿润半干旱大陆性季风性高原山地气候。冬季寒冷干燥，最低气温-37.4℃，春季风多干旱，气温回升快，降雨少。夏季温和多雨，最高气温37.8℃，降雨集中在7—8月。秋季天高气爽，从9月开始容易出现低温冷害，霜冻对农作物威胁很大。丰宁县境内共有河流461条，流域面积4579km²，是生产生活用水的来源之一。丰宁县土壤资源丰富，包括栗钙土、棕壤土、沙壤土、褐土、草甸土和沼泽土等在特定区域有一定规模的分布。累计治理水土流失面积为8220.43km²。

1. 保护水土资源价值

(1) 预防和减少土壤流失。全县各类措施共减少土壤流失量0.48亿t，其中，耕地减少 0.023 亿 t，林地减少 0.23 亿 t，草地减少 0.23 亿 t。计算得出预防和减少土壤流失价值为 178.70 亿元。

（2）提高土壤质量和土地生产力。全县各类措施共减少土壤流失量为 0.48 亿 t，按照当地市场价格测算折纯后各肥料价值，得出提高土壤质量和土地生产力价值为 32.32 亿元。

（3）拦蓄地表径流、增加土壤入渗、提高水源涵养能力。各类措施拦蓄地表径流量为 70.95 亿 m^3。根据当地水价，计算得出涵养水源价值为 212.86 亿元。

2. 防灾减灾价值

主要计算减轻下游泥沙危害。丰宁县 2016 年度减少土壤流失量 0.48 亿 t，按 30% 的侵蚀量淤积河道计算，泥沙容重按 1.45g/cm^3，挖取和运输的人工费按 47.71 元/m^3 计算，减少淤积价值为 55.76 亿元。

3. 改善生态价值

（1）改善生物多样性。Shannon‐Wiener 指数多介于 2～3 之间，物种多样性保育价值按 10000 元/（hm^2·a）计。2016 年，全县林地面积 19.07 万 hm^2，保护生物多样性价值 19.07 亿元。

（2）固碳释氧。参考瑞典碳税率和氧价值，得出固碳释氧价值为 329.17 亿元。

4. 促进社会进步价值

水土保持可以改善区域土地利用结构、农村生产结构、基础设施、燃料等能源结构以及教育文化状况等方面，可以提高人均收入，特别是新增的水土保持经济林及经济作物。但由于目前还无法直接量化计算，未列入计算。

5. 水土保持功能价值总体评价

从保护水土资源、防灾减灾和改善生态等三方面的水土保持功能价值评价结果可知，丰宁县水土保持功能价值为 827.88 亿元，单位面积价值为 9.45 元/m^2。其中保护水土资源价值为 423.88 亿元，占总价值的 51.20%；其次为改善生态和防灾减灾功能价值，分别占 42.06% 和 6.74%，见表 6-3。

表 6-3　　　　　　　　　丰宁县水土保持功能价值

一级功能	二 级 功 能	价值/亿元	所占比例/%	所占比例/%	单位面积价值/(元/m^2)
保护水土资源	预防和减少土壤流失	178.70	42.16	51.20	4.84
	提高土壤质量和土地生产力	32.32	7.62		
	拦蓄地表径流、增加土壤入渗、提高水源涵养能力	212.86	50.22		
	小　　计	423.88	100.00		

续表

一级功能	二　级　功　能	价值 /亿元	所占比例 /%	所占比例 /%	单位面积价值 /(元/m²)
防灾减灾	减轻下游泥沙危害	55.76		6.74	0.64
	小　　计	55.76			
改善生态	改善生物多样性	19.07	5.48	42.06	3.97
	固碳释氧	329.17	94.52		
	小　　计	348.24	100.00		
合　　计		827.88		100.00	9.45

6.3.3　天津市蓟州区

天津市蓟州区位于天津市最北部，全区国土总面积 1593km²，蓟州区地势北高南低，呈阶梯分布。北缘最高点为九山顶，海拔 1078.5m，南部最低处在马槽洼，海拔 1.80m。南北高差 1076.7m。山区面积 840.5km²，平原面积 504.72km²，洼地面积 245.2km²。蓟州区气候属于暖温带半湿润大陆性季风气候，四季分明，阳光充足，热量丰富，昼夜温差大，年平均气温 11.5℃，降水量 678.6mm，无霜期约 195 天。气候特征是季风气候鲜明，风向季节更替明显，冬季盛行西北风，夏季盛行东南风。蓟州区是天津市重要的水源地，地表水年平均径流量 10.5 亿 m³，地下水年可采量 2.4 亿 m³。有天津"大水缸"之称的于桥水库，始建于 1959 年，总面积 135km²，正常蓄水量 4.2 亿 m³，最大库容量 15.59 亿 m³。全县有中、小河流 17 条，汇入蓟运河注入渤海。累计治理水土流失面积为 2120.99 km²。

1. 保护水土资源价值

（1）预防和减少土壤流失。各类措施共减少土壤流失量 0.01 亿 t，其中，耕地减少 25.12 万 t，园地减少 1.07 万 t，林地减少 60.30 万 t，草地减少 14.42 万 t。计算得出预防和减少土壤流失价值为 7.47 亿元。

（2）提高土壤质量和土地生产力。各类措施共减少土壤流失量 0.01 亿 t，按照当地市场价格测算折纯后各肥料价值，得出提高土壤质量和土地生产力价值为 6.57 亿元。

（3）拦蓄地表径流、增加土壤入渗、提高水源涵养能力。各类措施拦蓄地表径流量为 14.7 亿 m³。根据当地水价，计算得出涵养水源价值为 44.09 亿元。

2. 防灾减灾价值

主要计算减轻下游泥沙危害。蓟州区减少土壤流失量 0.1 亿 t，按 30% 的侵蚀量淤积河道计算，泥沙容重取 1.45g/cm³ 计算，挖取和运输的人工费按 53.24 元/m³ 计算，减少淤积总价值为 11.66 亿元。

3. 改善生态价值

（1）改善生物多样性。Shannon-Wiener 指数多介于 2～3 之间，物种多样性保育价值按 10000 元/(hm²·a) 计。2016 年，蓟州区林地面积 5.93 万 hm²，保护生物多样性价值 5.93 亿元。

（2）固碳释氧。参考瑞典碳税率和氧价值，得出固碳释氧价值为 10.24 亿元。

4. 促进社会进步价值

水土保持可以改善区域土地利用结构、农村生产结构、基础设施、燃料等能源结构以及教育文化状况等方面，可以提高人均收入，特别是新增的水土保持经济林及经济作物。但由于目前还无法直接量化计算，未列入计算。

5. 水土保持功能价值总体评价

从保护水土资源、防灾减灾和改善生态等三方面的水土保持功能价值评价结果可知，蓟州区水土保持功能价值为 85.97 亿元，单位面积价值为 5.40 元/m²。其中保护水土资源价值为 58.13 亿元，占总价值的 67.62%；其次为改善生态和防灾减灾功能价值，分别占 18.81% 和 13.57%，见表 6-4。

表 6-4　　　　　　　　蓟州区水土保持功能价值

一级功能	二级功能	价值/亿元	所占比例/%	所占比例/%	单位面积价值/(元/m²)
保护水土资源	预防和减少土壤流失	7.47	12.86	67.62	3.65
	提高土壤质量和土地生产力	6.57	11.30		
	拦蓄地表径流、增加土壤入渗、提高水源涵养能力	44.09	75.84		
	小　计	58.13	100.00		
防灾减灾	减轻下游泥沙危害	11.66		13.57	0.73
	小　计	11.66			
改善生态	改善生物多样性	5.93	36.69	18.81	1.02
	固碳释氧	10.24	63.31		
	小　计	16.17	100.00		
合　计		85.97		100.00	5.40

6.3.4　北京市延庆区

延庆区位于北京市西北部，国土总面积 1993.75km²，其中，山区面积占

72.8%，平原面积占 26.2%，水域面积占 1%。延庆区北东南三面环山，西临官厅水库的延庆八达岭长城小盆地，即延怀盆地，延庆位于盆地东部，全境平均海拔 500.00m 左右。延庆区属大陆性季风气候，属温带与中温带、半干旱与半湿润带的过渡连带。气候冬冷夏凉，年平均气温 8℃。最热月份气温比承德低 0.8℃，是著名的避暑胜地。拥有 105km² 地热带，具有丰富的浅层地热资源。年日照 2800h，是北京市太阳能资源最丰富的地区。延庆区有水资源总量 7.8 亿 m³，其中地表水 5.64 亿 m³，地下水 2.23 亿 m³，人均水资源占有量 2088m³。累计治理水土流失面积为 1773.45km²。

1. 保护水土资源价值

（1）预防和减少土壤流失。各类措施共减少土壤流失量 0.04 亿 t，其中，耕地减少 3.56 万 t，林地减少 433 万 t，草地减少 5.04 万 t。计算得出预防和减少土壤流失价值为 5.25 亿元。

（2）提高土壤质量和土地生产力。各类措施共减少土壤流失量为 0.04 亿 t，按照当地市场价格测算折纯后各肥料价值，得出提高土壤质量和土地生产力价值为 26.66 亿元。

（3）拦蓄地表径流、增加土壤入渗、提高水源涵养能力。各类措施拦蓄地表径流量为 14.7 亿 m³。根据当地水价，计算得出涵养水源价值为 35.63 亿元。

2. 防灾减灾价值

主要测算减轻下游泥沙危害。延庆区减少土壤流失量 0.044 亿 t，按 30% 的侵蚀量淤积河道计算，泥沙容重取 1.45g/cm³，挖取和运输的人工费按 39.87 元/m³ 计算，减少淤积价值为 5.10 亿元。

3. 改善生态价值

（1）改善生物多样性。Shannon－Wiener 指数多介于 2～3 之间，物种多样性保育价值按 10000 元/（hm²·a）计。2016 年，延庆区林地面积 7.31 万 hm²，保护生物多样性价值 7.31 亿元。

（2）固碳释氧。参考瑞典碳税率和氧价值，得出固碳释氧价值为 12.61 亿元。

4. 促进社会进步价值

水土保持可以改善区域土地利用结构、农村生产结构、基础设施、燃料等能源结构以及教育文化状况等方面，可以提高人均收入，特别是新增的水土保持经济林及经济作物。但由于目前还无法直接量化计算，未列入计算。

5. 水土保持功能价值总体评价

从保护水土资源、防灾减灾和改善生态等三方面的水土保持功能价值评价结果可知，延庆区水土保持功能价值为 92.56 亿元，单位面积服务价值为

4.65 元/m²。其中保护水土资源价值为 67.54 亿元，占总价值的 72.97%；其次为改善生态和防灾减灾功能价值，分别占 21.52% 和 5.51%，见表 6-5。

表 6-5　　　　　　　　　延庆区水土保持功能价值

一级功能	二级功能	价值/亿元	所占比例/%	所占比例/%	单位面积价值/(元/m²)
保护水土资源	预防和减少土壤流失	5.25	7.77	72.97	3.39
	提高土壤质量和土地生产力	26.66	39.47		
	拦蓄地表径流、增加土壤入渗、提高水源涵养能力	35.63	52.76		
	小　计	67.54	100.00		
防灾减灾	减轻下游泥沙危害	5.10		5.51	0.26
	小　计	5.10			
改善生态	改善生物多样性	7.31	36.70	21.52	1.00
	固碳释氧	12.61	63.30		
	小　计	19.92	100.00		
合　计		92.56		100.00	4.65

6.3.5　河北省易县

易县隶属于河北省保定市，位于河北省中部，国土总面积为 2534km²。易县属温带季风气候区，春秋干旱多风，夏季炎热多雨，春季平均气温为 3.2℃，夏季平均气温为 32.2℃，秋季平均气温为 -3.3℃，全年极端最低气温为 -23℃，极端最高气温 41℃。冬季严寒少雪，四季分明。年平均降水量 498.9mm，年均降水日数为 68 天；降水集中在每年 6—8 月，7 月最多。年平均风速 1.8m/s。年平均蒸发量为 1430.5mm。主要气象灾害有干旱、高温、雷暴、冰雹、大风、寒潮、大雾。所属的保定市多年平均地表水资源量 16.20 亿 m³，多年平均地下水资源量 22.23 亿 m³，多年平均水资源总量 29.78 亿 m³，多年平均入境水量 6.32 亿 m³。累计治理水土流失面积 2435.66km²。

1. 保护水土资源价值

（1）预防和减少土壤流失。各类措施共减少土壤流失量 60.27 万 t，其中，耕地减少 15.42 万 t，林地减少 34.72 万 t，草地减少 10.14t。计算得出预防和减少流失侵蚀价值为 0.45 亿元。

（2）提高土壤质量和土地生产力。全县各类措施共减少土壤流失量 6.27 万 t，按照当地市场价格测算折纯后各肥料价值，得出提高土壤质量和土地生产力价值为 0.39 亿元。

（3）拦蓄地表径流、增加土壤入渗、提高水源涵养能力。各类措施拦蓄地表径流量为 41.5 亿 m^3。根据当地水价，计算得出涵养水源价值为 124.53 亿元。

2. 防灾减灾价值

主要测算减轻下游泥沙危害。易县 2016 年度减少土壤流失量 60.27 万 t，按 30% 的侵蚀量淤积河道计算，泥沙容重取 1.45g/cm^3，挖取和运输的人工费按 50.13 元/m^3 计算，减少淤积价值为 69.65 亿元。

3. 改善生态价值

（1）改善生物多样性。Shannon-Wiener 指数多介于 2～3 之间，物种多样性保育价值按 10000 元/(hm^2·a) 计。2016 年，全县林地面积 8.00 万 hm^2，保护生物多样性价值 8.00 亿元。

（2）固碳释氧。参考瑞典碳税率和氧价值，固碳释氧价值为 15.71 亿元。

4. 促进社会进步价值

水土保持可以改善区域土地利用结构、农村生产结构、基础设施、燃料等能源结构以及教育文化状况等方面，可以提高人均收入，特别是新增的水土保持经济林及经济作物。但由于目前还无法直接量化计算，未列入计算。

5. 水土保持功能价值总体评价

从保护水土资源、防灾减灾和改善生态等三方面的水土保持功能价值评价结果可知，易县水土保持功能价值为 218.73 亿元，单位面积价值为 8.64 元/m^2。其中保护水土资源价值为 125.37 亿元，占总价值的 57.32%；其次为防灾减灾和改善生态功能价值，分别占 31.84% 和 10.84%，见表 6-6。

表 6-6   易县水土保持功能价值

一级功能	二 级 功 能	价值/亿元	所占比例/%	所占比例/%	单位面积价值/(元/m^2)
保护水土资源	预防和减少土壤流失	0.45	0.36	57.32	4.95
	提高土壤质量和土地生产力	0.39	0.31		
	拦蓄地表径流、增加土壤入渗、提高水源涵养能力	124.53	99.33		
	小　计	125.37	100.00		
防灾减灾	减轻下游泥沙危害	69.65		31.84	2.75
	小　计	69.65			
改善生态	改善生物多样性	8.00	33.75	10.84	0.94
	固碳释氧	15.71	66.25		
	小　计	23.71	100.00		
合　计		218.73		100.00	8.64

6.3.6 山西省平顺县

平顺县隶属于山西省长治市，位于山西省东南部，海拔 400.00～1200.00m，国土总面积 1510.3km²。平顺县属暖温带大陆性季风气候，年平均无霜期为 181 天，河谷地带无霜期在 200 天以上，东南山区在 150 天左右。年平均降水量 584.4mm，夏季降水最多，占全年降水量的 62.5%。平顺县境内河流属海河流域南运河水系，分属浊漳河、卫河两个流域，其中浊漳河流域约占总面积的 90%，卫河流域约占 10%。平顺县境内的土壤有褐土、草甸土、水稻土 3 个土类，7 个亚类，37 个土属，78 个土种。平顺县森林植被少，且分布不均，大都为 20 世纪 50 年代以后营造的人工林，在浊漳河两岸山峦深处有小面积天然次生林零星分布。累计治理水土流失面积为 656.9km²。

1. 保护水土资源价值

（1）预防和减少土壤流失。各类措施共减少土壤流失量 22.47 万 t，其中，林地减少 2.5311 万 t，草地减少 17.26 万 t，原始地貌减少 2.67 万 t。得出预防和减少土壤流失价值为 0.50 亿元。

（2）提高土壤质量和土地生产力。2016 年全县减少土壤流失量为 22.47 万 t，按照当地市场价格测算折纯后各肥料价值，得出提高土壤质量和土地生产力价值为 1.73 亿元。

（3）拦蓄地表径流、增加土壤入渗、提高水源涵养能力。各类措施拦蓄地表径流量为 41.5 亿 m³。根据当地水价，计算得出涵养水源价值为 32.35 亿元。

2. 防灾减灾价值

主要计算减轻下游泥沙危害。平顺县减少土壤流失量 22.47 万 t，按 30% 的侵蚀量淤积河道计算，泥沙容重取 1.45g/cm³，挖取和运输的人工费按 43.76 元/m³ 计，减少淤积总价值为 0.26 亿元。

3. 改善生态价值

（1）改善生物多样性。Shannon-Wiener 指数多介于 2～3 之间，物种多样性保育价值按 10000 元/(hm²·a) 计。2016 年，全县林地面积 3.7 万 hm²，保护生物多样性价值 3.70 亿元。

（2）固碳释氧。参考瑞典碳税率和氧价值，固碳释氧价值为 6.41 亿元。

4. 促进社会进步价值

水土保持可以改善区域土地利用结构、农村生产结构、基础设施、燃料等能源结构以及教育文化状况等方面，可以提高人均收入，特别是新增的水土保持经济林及经济作物。但由于目前还无法直接量化计算，未列入计算。

5. 水土保持功能价值总体评价

从保护水土资源、防灾减灾和改善生态等三方面的水土保持功能价值评价结果可知，平顺县水土保持功能价值为 44.95 亿元，单位面积价值为 2.98 元/m²。其中保护水土资源价值为 34.58 亿元，占总价值的 76.93%；其次为改善生态和防灾减灾功能价值，分别占 22.49% 和 0.58%，见表 6-7。

表 6-7　　　　　　　　　　平顺县水土保持功能价值

一级功能	二　级　功　能	价值/亿元	所占比例/%	所占比例/%	单位面积价值/(元/m²)
保护水土资源	预防和减少土壤流失	0.50	1.45	76.93	2.29
	提高土壤质量和土地生产力	1.73	5.00		
	拦蓄地表径流、增加土壤入渗、提高水源涵养能力	32.35	93.55		
	小　　计	34.58	100.00		
防灾减灾	减轻下游泥沙危害	0.26		0.58	0.02
	小　　计	0.26			
改善生态	改善生物多样性	3.70	36.56	22.49	0.67
	固碳释氧	6.41	63.44		
	小　　计	10.11	100.00		
合　　计		44.95		100.00	2.98

6.3.7　山东省莱芜市

莱芜市位于山东省中部，国土总面积 2246.21km²。山地约占莱芜市总面积的 67%，丘陵占 19%，平原占 11%，洼地占 3%。境内有大小山头 2989 个，其中海拔 600m 以上的 41 个，海拔 200~600m 的 227 个。素有"山头三千河西流，盆地尽沃土"之称的莱芜市属于暖温带半湿润季风气候，四季分明，冬季寒冷干燥，春季温暖多风，夏季炎热多雨，秋季凉爽晴朗。年均降水量 760.90mm，年均无霜期 204d。莱芜市多年平均水资源总量 5.814 亿 m³。累计治理水土流失面积 2241.69km²。

1. 保护水土资源价值

(1) 预防和减少土壤流失。各类措施共减少土壤流失量 447.01 万 t，其中，耕地减少 294.37 万 t，园地减少 8.55 万 t，林地减少 114.83 万 t，草地减少 29.27 万 t。计算得出预防和减少土壤流失价值为 45.15 亿元。

(2) 提高土壤质量和土地生产力。2016 年减少土壤流失量 447.01 万 t，按照当地市场价格测算折纯后各肥料价值，得出提高土壤质量和土地生产力价值为 3.26 亿元。

（3）拦蓄地表径流、增加土壤入渗、提高水源涵养能力。各类措施拦蓄地表径流量为 41.5 亿 m^3。根据当地水价，计算得出涵养水源价值为 1.63 亿元。

2. 防灾减灾价值

主要计算减轻下游泥沙危害。莱芜市地区减少土壤流失量 447.01 万 t，按 30% 的侵蚀量淤积河道计算，泥沙容重取 1.45g/cm^3，挖取和运输的人工费按 60.17 元/m^3 计算，减少淤积价值为 5.17 亿元。

3. 改善生态价值

（1）改善生物多样性。Shannon－Wiener 指数多介于 2～3 之间，物种多样性保育价值按 10000 元/(hm^2·a) 计。2016 年，全市林地面积 26.73 万 hm^2，保护生物多样性价值 26.73 亿元。

（2）固碳释氧。参考瑞典碳税率和氧价值，固碳释氧价值为 46.12 亿元。

4. 促进社会进步价值

水土保持可以改善区域土地利用结构、农村生产结构、基础设施、燃料等能源结构以及教育文化状况等方面，可以提高人均收入，特别是新增的水土保持经济林及经济作物。但由于目前还无法直接量化计算，未列入计算。

5. 水土保持功能价值总体评价

从保护水土资源、防灾减灾和改善生态等三方面的水土保持功能价值评价结果可知，莱芜市水土保持功能价值为 128.06 亿元，单位面积价值为 5.70 元/m^2。其中改善生态价值为 72.85 亿元，占总价值的 56.89%；其次为保护水土资源和防灾减灾功能价值，分别占 39.07% 和 4.04%，见表 6-8。

表 6-8 　　　　　　　　　莱芜市水土保持功能价值

一级功能	二 级 功 能	价值 /亿元	所占比例 /%	所占比例 /%	单位面积价值 /(元/m^2)
保护水土资源	预防和减少土壤流失	45.15	90.22	39.07	2.23
	提高土壤质量和土地生产力	3.26	6.52		
	拦蓄地表径流、增加土壤入渗、提高水源涵养能力	1.63	3.26		
	小　计	50.04	100.00		
防灾减灾	减轻下游泥沙危害	5.17		4.04	0.23
	小　计	5.17			
改善生态	改善生物多样性	26.73	36.69	56.89	3.24
	固碳释氧	46.12	63.31		
	小　计	72.85	100.00		
合　计		128.06		100.00	5.70

6.3.8 山东省蒙阴县

蒙阴县位于山东省中南部,国土总面积 1601.6km²。蒙阴县属暖温带季风大陆性气候,年平均气温 12.8℃,极端最高气温 40℃,极端最低气温 −21.1℃,年平均无霜期 200 天,年平均降水量 820mm。蒙阴县水资源总量 6.74 亿 m³,其中地表水 5.98 亿 m³,地下水 0.76 亿 m³,全县水利工程总库容 9.22 亿 m³。地下水总储藏量年平均 3.44 亿 m³,可开采量为 0.76 亿 m³。累计治理水土流失面积为 635.59km²。

1. 保护水土资源价值

(1) 预防和减少土壤流失。各类措施共减少土壤流失量 8.13 万 t,其中,园地减少 1.40 万 t,林地减少 6.73 万 t。计算得出预防和减少土壤流失价值为 0.60 亿元。

(2) 提高土壤质量和土地生产力。2016 年各类措施共减少土壤流失量 8.13 万 t,按照当地市场价格测算折纯后各肥料价值,得出提高土壤质量和土地生产力价值为 0.52 亿元。

(3) 拦蓄地表径流、增加土壤入渗、提高水源涵养能力。各类措施拦蓄地表径流量为 41.5 亿 m³。根据当地水价,计算得出涵养水源价值为 1.08 亿元。

2. 防灾减灾价值

主要计算减轻下游泥沙危害。蒙阴县减少土壤流失量 8.13 万 t,按 30% 的侵蚀量淤积河道计算,泥沙容重取 1.45g/cm³,挖取和运输的人工费按 34.57 元/m³ 计算,减少淤积总价值为 9.40 亿元。

3. 改善生态价值

(1) 改善生物多样性。Shannon – Wiener 指数多介于 2～3 之间,物种多样性保育价值按 10000 元/(hm²·a) 计。2016 年,全县林地面积 30.33 万 hm²,保护生物多样性价值 30.33 亿元。

(2) 固碳释氧。参考瑞典碳税率和氧价值,固碳释氧价值为 5.23 亿元。

4. 促进社会进步价值

水土保持可以改善区域土地利用结构、农村生产结构、基础设施、燃料等能源结构以及教育文化状况等方面,可以提高人均收入,特别是新增的水土保持经济林及经济作物。但由于目前还无法直接量化计算,未列入计算。

5. 水土保持功能价值总体评价

从保护水土资源、防灾减灾和改善生态等三方面的水土保持功能价值评价结果可知,蒙阴县水土保持功能价值为 47.16 亿元,单位面积服务价值为

2.95 元/m²。其中改善生态价值为 35.56 亿元，占总价值的 75.41%；其次为防灾减灾和保护水土资源功能价值，分别占 19.93% 和 4.66%，见表 6-9。

表 6-9 蒙阴县水土保持功能价值

一级功能	二级功能	价值/亿元	所占比例/%	所占比例/%	单位面积价值/(元/m²)
保护水土资源	预防和减少土壤流失	0.60	27.42	4.66	0.14
	提高土壤质量和土地生产力	0.52	23.48		
	拦蓄地表径流、增加土壤入渗、提高水源涵养能力	1.08	49.10		
	小　计	2.20	100.00		
防灾减灾	减轻下游泥沙危害	9.40		19.93	0.59
	小　计	9.40			
改善生态	改善生物多样性	30.33	85.29	75.41	2.22
	固碳释氧	5.23	14.71		
	小　计	35.56	100.00		
合　计		47.16		100.00	2.95

6.3.9 山东省泰安市

泰安市位于山东省中部，国土总面积 7761km²。泰安市属于温带大陆性半湿润季风气候区，四季分明，寒暑适宜，光温同步，雨热同季。春季干燥多风，夏季炎热多雨，秋季晴和气爽，冬季寒冷少雪。全市多年平均降水量为 697mm。因受季风气候影响，年际降水变幅较大，年最大降水量 1498mm，年最小降水量 199mm，相差 7.5 倍。因受地貌影响，东部降水多于西部，山区降水多于平原，东部山区年平均降水量 700～750mm，西部平原则为 600～650mm，总趋势是自东北向西南逐渐减少。全市多年平均水资源可利用总量为 13.4 亿 m³，多年平均开发利用水总量为 13.1 亿 m³。累计治理水土流失面积 4799.47km²。

1. 保护水土资源价值

（1）预防和减少土壤流失。各类措施共减少土壤流失量 437.25 万 t，其中，耕地减少 309.92 万 t，林地减少 122.96 万 t，草地减少 4.37 万 t。计算得出预防和减少土壤流失价值为 32.39 亿元。

（2）提高土壤质量和土地生产力。2016 年减少土壤流失量 437.25 万 t，按照当地市场价格测算折纯后各肥料价值，得出提高土壤质量和土地生产力价值为 32.18 亿元。

（3）拦蓄地表径流、增加土壤入渗、提高水源涵养能力。各类措施拦蓄地表径流量为 0.035 亿 m³。根据当地水价，计算得出涵养水源价值为 10.38 亿元。

2. 防灾减灾价值

主要计算减轻下游泥沙危害。泰安市地区减少土壤流失量 0.044 亿 t，按 30% 的侵蚀量淤积河道计算，泥沙容重取 1.45g/cm³，挖取和运输的人工费按 58.64 元/m³ 计算，减少淤积价值为 5.05 亿元。

3. 改善生态价值

（1）改善生物多样性。Shannon - Wiener 指数多介于 2~3 之间，物种多样性保育价值按 10000 元/(hm²·a) 计。2016 年，全市林地面积 5.56 万 hm²，保护生物多样性价值 5.56 亿元。

（2）固碳释氧。参考瑞典碳税率和氧价值，固碳释氧价值为 9.60 亿元。

4. 促进社会进步价值

水土保持可以改善区域土地利用结构、农村生产结构、基础设施、燃料等能源结构以及教育文化状况等方面，可以提高人均收入，特别是新增的水土保持经济林及经济作物。但由于目前还无法直接量化计算，未列入计算。

5. 水土保持功能价值总体评价

从保护水土资源、防灾减灾和改善生态等三方面的水土保持功能价值评价结果可知，泰安市水土保持功能价值为 95.16 亿元，单位面积价值为 1.24 元/m²。其中保护水土资源价值为 74.95 亿元，占总价值的 78.76%；其次为改善生态和防灾减灾功能价值，分别占 15.93% 和 5.31%，见表 6-10。

表 6-10　　　　　　　　泰安市水土保持功能价值

一级功能	二级功能	价值/亿元	所占比例/%	所占比例/%	单位面积价值/(元/m²)
保护水土资源	预防和减少土壤流失	32.39	43.22	78.76	0.97
	提高土壤质量和土地生产力	32.18	42.93		
	拦蓄地表径流、增加土壤入渗、提高水源涵养能力	10.38	13.85		
	小　计	74.95	100.00		
防灾减灾	减轻下游泥沙危害	5.05		5.31	0.07
	小　计	5.05			
改善生态	改善生物多样性	5.56	36.70	15.93	0.20
	固碳释氧	9.60	63.30		
	小　计	15.16	100.00		
合　计		95.16		100.00	1.24

6.3.10　河南省鲁山县

鲁山县位于河南省中西部，国土总面积 2432km²，最高海拔 2153.10m，最低海拔 90.10m。属暖温带大陆性季风气候，年平均气温 14.7℃，年降水量为 1000mm，无霜期为 209 天。地势西高东低，北、西、南三面环山，东部为沙河冲积平原。山地面积占 28.9％，丘陵面积占 53％，平原面积占 18.1％，耕地面积 3.64 万 hm²。累计治理水土流失面积为 2167.46km²。

1. 保护水土资源价值

（1）预防和减少土壤流失。各类措施共减少土壤流失量 0.12 亿 t，其中，耕地减少 0.019 亿 t，林地减少 0.10 亿 t。计算得出预防和减少土壤流失价值为 9.25 亿元。

（2）提高土壤质量和土地生产力。2016 年减少土壤流失量 0.12 亿 t，按照当地市场价格测算折纯后各肥料价值，得出提高土壤质量和土地生产力价值为 7.62 亿元。

（3）拦蓄地表径流、增加土壤入渗、提高水源涵养能力。各类措施拦蓄地表径流量为 0.86 亿 m³。根据当地水价，计算得出涵养水源价值为 2.56 亿元。

2. 防灾减灾价值

主要计算减轻下游泥沙危害。全县减少土壤流失量 0.12 亿 t，按 30％的侵蚀量淤积河道计算，泥沙容重取 1.45g/cm³，挖取和运输的人工费按 55.27 元/m³ 计算，减少淤积总价值为 13.94 亿元。

3. 改善生态价值

（1）改善生物多样性。Shannon－Wiener 指数多介于 2～3 之间，物种多样性保育价值按 10000 元/(hm²·a) 计。2016 年，全县林地面积 9.02 万 hm²，保护生物多样性价值 9.02 亿元。

（2）固碳释氧。参考瑞典碳税率和氧价值，固碳释氧价值为 15.56 亿元。

4. 促进社会进步价值

水土保持可以改善区域土地利用结构、农村生产结构、基础设施、燃料等能源结构以及教育文化状况等方面，可以提高人均收入，特别是新增的水土保持经济林及经济作物。但由于目前还无法直接量化计算，未列入计算。

5. 水土保持功能价值总体评价

从保护水土资源、防灾减灾和改善生态等三方面的水土保持功能价值评价结果可知，鲁山县水土保持功能价值为 57.95 亿元，单位面积价值为 2.38 元/m²。其中改善生态价值为 24.58 亿元，占总价值的 42.41％；其次为保护水土资源和防灾减灾功能价值，分别占 33.53％和 24.06％，见表 6-11。

表 6-11 鲁山县水土保持功能价值

一级功能	二级功能	价值/亿元	所占比例/%	所占比例/%	单位面积价值/（元/m²）
保护水土资源	预防和减少土壤流失	9.25	47.59	33.53	0.80
	提高土壤质量和土地生产力	7.62	39.21		
	拦蓄地表径流、增加土壤入渗、提高水源涵养能力	2.56	13.20		
	小　计	19.43	100.00		
防灾减灾	减轻下游泥沙危害	13.94		24.06	0.57
	小　计	13.94			
改善生态	改善生物多样性	9.02	36.70	42.41	1.01
	固碳释氧	15.56	63.30		
	小　计	24.58	100.00		
合　计		57.95		100.00	2.38

6.4　区域水土保持功能价值

依据目前可获取的参数指标计算，本研究仅测算了保护水土资源、防灾减灾和改善生态等三方面价值，结果表明，北方土石山区 2016 年度水土保持功能价值为 31531.53 亿元，单位面积价值为 5.19 元/m²，见表 6-12。

表 6-12 北方土石山区 2016 年度水土保持功能价值

一级功能	二级功能	价值/亿元	所占比例/%	所占比例/%	单位面积价值/（元/m²）
保护水土资源	预防和减少土壤流失	5565.53	33.62	54.11	2.81
	提高土壤质量和土地生产力	2212.90	12.97		
	拦蓄地表径流、增加土壤入渗、提高水源涵养能力	9283.28	54.41		
	小　计	17061.71	100		
防灾减灾	减轻下游泥沙危害	3399.10		10.78	0.56
	小　计	3399.10			
改善生态	改善生物多样性	2304.92	20.82	35.11	1.82
	固碳释氧	8765.80	79.18		
	小　计	11070.72	100		
合　计		31531.53		100	5.19

第7章

西北黄土高原区水土保持功能价值

7.1 区域自然环境与经济社会概况

7.1.1 自然环境概况

西北黄土高原区位于阴山以南、贺兰山-日月山以东、太行山以西、秦岭以北地区，主要包括鄂尔多斯高原、陕北高原、陇中高原等，包括山西、内蒙古、陕西、甘肃、青海和宁夏 6 省（自治区）的 271 个县（市、区、旗），国土总面积约 56 万 km²。该区位于我国三大阶梯地势的第二级地势阶梯，其东、南、西三面均为高山环绕，地势表现出西北高、东南低。地形起伏较大，海拔 500.00～3000.00m，地貌类型多样，其中山区、丘陵区、高塬区占 2/3 以上。属大陆性季风气候，不小于 10℃积温 2300～4500℃，无霜期 120～250 天，降水空间分布差异大，降水量总体趋势是由东南向西北、由山地向平地递减。东南部年均降水量在 600mm 以上，中部年均降水量为 400～600mm，西北部地区年均降水量为 150～250mm。同时降水年际分布大，干旱发生概率高，降水年内分布很不均匀，且以暴雨形式为主。从整体来看，黄土高原区水资源贫乏，该区国土面积占全国的 6.7%，而年径流量只占全国的 1%～2%，人均水资源量为全国人均水资源量的 22%。资源型缺水问题明显，地表径流含沙量大，空间分布极不均匀，年际和年内分配不均。西北黄土高原区是世界上黄土母质分布最为集中、覆盖厚度最大的区域，主要为风成黄土，粉粒占 50%，结构疏松、孔隙度大、透水性强，抗冲抗蚀性弱。黄土高原土壤具有水平地带性分布特征，从东南到西北依次为褐土带、灰钙土地带、棕钙土地带，主要土壤类型有褐土、黑垆土、栗钙土、棕钙土、灰钙土、灰漠土、黄绵土、风沙土等。该区处于暖温带华北落叶阔叶林区与蒙新荒漠带之间的过渡地区，地带性植被随着降水量自东南向西北而变化，依次为森林带、森林草原带、典型草原带、荒漠草原和草原化荒漠带等。由于人为活动干扰，该区现存植被均为次生森林植被和次生草原植被。人工林草植被主要有刺槐、杨树、油松、侧柏、柠条、沙棘、苜蓿等。

7.1.2　社会经济状况

西北黄土高原区总人口 9067.64 万人，占全国总人口的 6.76%。其中，农业人口 4359.62 万人，占该区人口总数的 48.08%，农业劳动力 3213.47 万人，人口密度 165 人/km²。东部人口相对稠密，西部相对较少。地区生产总值为 35926.46 亿元，占全国国内生产总值的 6.89%。其中，农业总产值 3164.87 亿元，占地区生产总值的 8.81%。农业人均年纯收入 4558 元。该区土地利用以草地、林地和耕地为主，其中，草地 1925.38 万 hm²、林地 1461.79 万 hm²、耕地面积 1268.80 万 hm²、园地 135.06 万 hm²，其他利用类型土地面积为 777.80 万 hm²。

7.1.3　水土流失概况

西北黄土高原区水土流失以轻度为主，水土流失总面积为 23.52 万 km²，占土地总面积的 42.25%。其中，水力侵蚀 18.64 万 km²，占水土流失总面积的 78.26%，是该区最主要的土壤侵蚀类型，分布非常广泛，而黄土丘陵沟壑区和黄土高塬沟壑区是水力侵蚀最为严重的地区；风力侵蚀 4.88 万 km²，占水土流失总面积的 20.74%，主要分布于内蒙古、陕北和宁夏境内；冻融侵蚀 0.09 万 km²，占水土流失总面积的 1%，主要分布于黄土高原西部山体的上部。

7.2　计算参数

本节研究物质量测算数据主要来源于国家统计年鉴、全国水土保持公报、典型县监测数据、2016—2017 年国民经济和社会发展统计公报以及相关文献资料。价值量基础数据来源于当地市场调查，见表 7-1。

表 7-1　　　　　　　西北黄土高原区主要计算参数取值及依据

参数名称 \ 典型县		固阳县	方山县	阳曲县	西峰区	环县	宝塔区	安塞区	依据说明
土地年均收益 /(元/hm²)	耕地	25400	25800	25800	28500	28500	64600	38400	2016 年各县国民经济和社会发展统计公报、统计年鉴
	林地	5000	5000	5000	5000	5000	9500	9500	
	草地	15000	15000	15000	15000	15000	7100	7100	

续表

参数名称＼典型县		固阳县	方山县	阳曲县	西峰区	环县	宝塔区	安塞区	依据说明
化肥价格 /（元/t）	氮肥	14167	14167	14167	14167	14167	14167	14167	2016 年化肥市场价格（折纯价）
	磷肥	14933	14933	14933	14933	14933	14933	14933	
	钾肥	14933	14933	14933	14933	14933	14933	14933	
	有机质	4500	4500	4500	4500	4500	4500	4500	
土壤养分含量 /（g/kg）	氮	0.95	3.30	2.40	0.78	0.90	0.55	0.55	全国第二次土壤普查数据
	速效磷	0.01	0.01	0.01	0.01	0.01	0.67	0.67	
	速效钾	0.14	0.11	0.15	0.15	0.21	17.35	17.35	
	有机质	16.00	63.50	69.00	69.00	12.60	7.50	7.50	
水价/（元/m³）		7.50	6.90	6.90	6.40	6.40	5.00	5.00	2016 年各县生活用水阶梯价格
清淤价格/（元/m³）		31.52	47.82	47.82	62.95	62.95	51.64	51.64	调查数据（各县水库工程投资规模推算）
土壤容重/（g/cm³）		1.35	1.35	1.35	1.35	1.35	1.35	1.35	调查数据
物种保育价值 /［元/（hm²·a）］		10000	10000	10000	10000	10000	10000	10000	《森林生态系统服务功能评估规范》（LY/T 1721—2008）
碳税率/（元/t）		1200	1200	1200	1200	1200	1200	1200	参照瑞典数据
氧气价格/（元/t）		2148	2148	2148	2148	2148	2148	2148	参照瑞典数据

7.3　典型县水土保持功能价值

7.3.1　内蒙古自治区固阳县

固阳县位于内蒙古自治区中西部，属于宁蒙覆沙黄土丘陵区，国土总面积 4970km²。地处阴山北麓，地势南高北低，东部高于西部。有季节性河流 7 条，其中以黄河二级支流昆都仑河最大。该县属温带大陆性气候，年均温 4℃，年均降水量 300mm。自然灾害主要有干旱、风沙、洪水、冰雹、霜冻、干热风、病虫害等，其中尤以旱灾为重。据 2005 年数据，全县森林覆盖面积为 14318hm²，其中：有林地 5227hm²、疏林地 1934hm²、灌木林地 56921hm²、未成林地 5809hm²、苗圃 107hm²、宜林地 73182hm²，森林覆盖率 12.80％。树种主要为柠条、沙棘、榆树、杨树、松树、柳树、白桦、侧柏、文冠果、椴树、柞树、山杏、山樱桃、枸杞、黄刺梅、虎榛子等。2000年开始，相继实施了退耕还林工程、沙源治理工程、天然林保护工程等国家级重点生态建设工程。至2005年，共完成各项工程建设总任务6.17万 hm²，其中完成人工造林4.5万 hm²，封山育林1.67万 hm²，生态建设成果显著。

1. 保护水土资源价值

(1) 预防和减少土壤流失价值。2016年全县共减少土壤流失量1.31亿t。其中，耕地减少0.56亿t，林地减少0.21亿t，草地减少0.54亿t。得出预防和减少土壤流失价值5.77亿元。

(2) 提高土壤质量和土地生产力。2016年固阳县减少土壤流失总量为1.31亿t，根据当地市场价格测算氮、磷、钾、有机质折纯价值，得出保肥价值115.28亿元。

(3) 拦蓄地表径流、增加土壤入渗、提高水源涵养能力价值。2016年，固阳县各类水土保持措施共减少径流量0.59亿 m³，其中，耕地减少0.30亿 m³，林地减少0.068亿 m³，草地减少0.22亿 m³，实现保水价值4.45亿元。森林和草地生态系统涵养水源量分别为6.49亿 m³、10.70亿 m³，实现保水价值128.96亿元。全县2016年度拦蓄地表径流、增加土壤入渗，提高水源涵养能力价值为133.41亿元。

2. 防灾减灾价值

2016年，固阳县减少土壤流失量1.31亿t，按24%的侵蚀量淤积河道计算，土壤容重取1.35g/cm³，人工清淤费用按31.52元/m³计，减少下游泥沙危害总价值为7.37亿元。

3. 改善生态价值

(1) 改善生物多样性。Shannon – Wiener 指数多介于2～3之间，物种多样性保育价值按10000元/(hm²·a) 计。2016年，固阳县林地面积为10.70万 hm²，生物多样性价值为10.70亿元。

(2) 固碳释氧。参考瑞典碳税率和氧补偿价值，2016年固阳县固碳释氧价值为40.63亿元，其中固碳价值为7.03亿元，释氧价值为33.60亿元。

4. 促进社会进步价值

水土保持可以改善区域土地利用结构、农村生产结构、基础设施、燃料等能源结构以及教育文化状况等方面，可以提高人均收入，特别是新增的水土保持经济林及经济作物。但由于目前还无法直接量化计算，未列入计算。

5. 水土保持功能价值总体评价

从保护水土资源、防灾减灾和改善生态等三方面的水土保持功能价值评价结果可知，2016年全县水土保持功能价值为313.16亿元，单位面积价值为

6.04 元/m²。其中，保护水土资源价值为 254.46 亿元，占总体价值的 81.26%；其次为改善生态价值和防灾减灾价值，分别占总价值量的 16.39% 和 2.35%，见表 7-2。

表 7-2　　　　　　　　固阳县水土保持功能价值

一级功能	二级功能	价值/亿元	所占比例/%	所占比例/%	单位面积价值/(元/m²)
保护水土资源	预防和减少土壤流失	5.77	2.27	81.26	4.91
	提高土壤质量和土地生产力	115.28	45.30		
	拦蓄地表径流、增加土壤入渗、提高水源涵养能力	133.41	52.43		
	小　计	254.46	100.00		
防灾减灾	减轻下游泥沙危害	7.37		2.35	0.14
	小　计	7.37			
改善生态	改善生物多样性	10.70	20.84	16.39	0.99
	固碳释氧	40.63	79.16		
	小　计	51.34	100.00		
合　计		313.16		100.00	6.04

7.3.2　山西省方山县

方山县隶属于山西省吕梁市，位于山西省西部，吕梁山中段西侧。方山县整体地势由北向南倾斜，北川河纵贯南北，最高海拔 2831.00m，最低海拔 987.00m，属黄土丘陵沟壑区。年平均降雨量 400~600mm，无霜期 90~150 天，属温带大陆性气候。方山县东北部为土石山区，西南部为黄土丘陵沟壑区，中部为河谷地带。由于季风作用与各季不同气团的影响，春、夏、秋、冬四季分明。春季低温、干旱；夏季短促暖热，雨量集中；秋季凉爽，气候宜人；冬季漫长寒冷，雪少干燥。全县平均气温为 7.3℃，年均降水量为 440~650mm，无霜期由南到北逐步递增，最南端的大武镇达 150 天以上，最北端的开府一带只有 90 天左右。方山县森林水平分布，主要树种顺序为白皮松、油松、华北落叶松；从南到北，从低山到中山，暖温带的栎类、杨、桦阔叶杂木林到中部、北部高寒山区的侧柏，从栎类、杨、桦阔叶林逐步过渡到关帝山的华北落叶松、油松为主的针叶混交林。

1. 保护水土资源价值

(1) 预防和减少土壤流失。2016 年，全县共减少土壤流失量 35.16 万 t。其中，耕地减少 4.61 万 t，林地减少 22.56 万 t，草地减少 7.99 万 t。测算得出保土价值 86.81 万元，其中耕地、林地、草地分别为 29.38 万元、27.85 万元、29.58 万元。

（2）提高土壤质量和土地生产力。2016 年方山县减少土壤流失量 35.16 万 t，根据当地市场价格折算氮、磷、钾和有机质价值分别为 1643.62 万元、4.04 万元、59.33 万元、10046.33 万元，共实现保肥价值 1.18 亿元。

（3）拦蓄地表径流、增加土壤入渗、提高水源涵养能力。2016 年，全县各类水土保持措施共减少径流量 217.29 万 m^3，其中，耕地、林地、草地分别减少 49.53 万 m^3、109.57 万 m^3、58.19 万 m^3，保水价值 0.15 亿元。森林和草地生态系统涵养水源量分别为 5040.40 万 m^3、1803.80 万 m^3，涵养水源价值为 4.72 亿元。拦蓄地表径流、增加土壤入渗、提高水源涵养能力价值共计 4.87 亿元。

2. 防灾减灾价值

2016 年，方山县减少土壤流失量 35.16 万 t，按 24% 的侵蚀量淤积河道计算，土壤容重取 $1.35g/cm^3$，人工清淤费用按 47.82 元/m^3 计，减少下游泥沙危害总价值为 0.03 亿元。

3. 改善生态价值

（1）改善生物多样性。Shannon-Wiener 指数多介于 2～3 之间，物种多样性保育价值按 10000 元/(hm^2·a) 计。2016 年，方山县林地面积为 7873.96hm^2，生物多样性价值为 0.79 亿元。

（2）固碳释氧。参考瑞典碳税率和氧补偿价值。2016 年，方山县固碳释氧总价值为 2.55 亿元，其中固碳价值为 0.44 亿元，释氧价值为 2.11 亿元。

4. 促进社会进步价值

水土保持可以改善区域土地利用结构、农村生产结构、基础设施、燃料等能源结构以及教育文化状况等方面，可以提高人均收入，特别是新增的水土保持经济林及经济作物。但由于目前还无法直接量化计算，未列入计算。

5. 水土保持功能价值总体评价

从保护水土资源、防灾减灾和改善生态等三方面的水土保持功能价值评价结果可知，2016 年全县水土保持功能价值为 9.43 亿元，单位面积价值为 6.63 元/m^2。其中，保护水土资源价值为 6.06 亿元，占总体价值的 64.24%；其次为改善生态和防灾减灾功能价值，分别占总体价值的 35.44% 和 0.32%，见表 7-3。

7.3.3　山西省阳曲县

阳曲县属于山西省太原市，处于汾渭及晋城丘陵阶地区。南北长 54km，

表7-3　　　　　　　　　方山县水土保持功能价值

一级功能	二级功能	价值/亿元	所占比例/%	所占比例/%	单位面积价值/(元/m²)
保护水土资源	预防和减少土壤流失	0.0087	0.14	64.24	4.26
	提高土壤质量和土地生产力	1.18	19.41		
	拦蓄地表径流、增加土壤入渗、提高水源涵养能力	4.87	80.45		
	小　计	6.06	100.00		
防灾减灾	减轻下游泥沙危害	0.03		0.32	0.02
	小　计	0.03			
改善生态	改善生物多样性	0.79	23.56	35.44	2.35
	固碳释氧	2.55	76.44		
	小　计	3.34	100.00		
合　计		9.43		100.00	6.63

东西宽82km，国土总面积2070.67km²。东西两端为石山区和土石山区，中部为盆地，土石山区占总面积的54%，半坡丘陵占35%，平川盆地占11%，海拔800.00～2000.00m，全境东、西北三面较高，南面低平，西山地区系小云系，东山地区系舟山系。位于北半球中纬度暖温带，属暖温带大陆性季风气候，四季分明，年平均气温为8～9℃，山区为5～7℃，年平均降雨量为441.20mm，无霜期为164天。阳曲自然资源丰富，宜林地和荒山牧场广阔。阳曲县宜林面积697km²，牧坡草地366.67km²。东、西两山宜林面积大，适合造林放牧。

1. 保护水土资源价值

（1）预防和减少土壤流失。2016年全县共减少土壤流失量23.36万t，其中，耕地、林地和草地分别减少9.32万t、9.47万t、4.56万t。按耕地、林地、草地经济效益分别测算，得出预防和减少土壤流失价值0.0088亿元。

（2）提高土壤质量和土地生产力。2016年全县减少土壤流失量23.36万t，根据当地市场价格，测得氮、磷、钾、有机质价值分别为794.25万元、2.79万元、52.33万元、7253.40万元，共实现保肥价值0.81亿元。

（3）拦蓄地表径流、增加土壤入渗、提高水源涵养能力。2016年各类水土保持措施共减少径流量1403.03万m³，其中，耕地、林地、草地减少径流量分别为561.34万m³、564.47万m³、277.22万m³，保水价值0.97亿元。森林、草地生态系统涵养水源量分别为2229.47万m³、618.62万m³，得出涵养水源价值1.96亿元。拦蓄地表径流、增加土壤入渗、提高水源涵养能力价值共计2.93亿元。

2. 防灾减灾价值

2016年，阳曲县减少土壤流失量23.26万t，按24%的侵蚀量淤积河道计算，土壤容重取1.35g/cm³，人工清淤费用按47.82元/m³计，减少下游泥沙危害总价值为0.02亿元。

3. 改善生态价值

(1) 改善生物多样性。Shannon-Wiener指数多介于2~3之间，物种多样性保育价值按10000元/(hm²·a)计。2016年，全县林地面积8298.51hm²，保护生物多样性价值0.83亿元。

(2) 固碳释氧。参考瑞典碳税率1200元/t和氧价值，2016年全县固碳释氧价值为2.74亿元。其中，固碳价值为4732.65万元，释氧价值为22635.28万元。

4. 促进社会进步价值

水土保持可以改善区域土地利用结构、农村生产结构、基础设施、燃料等能源结构以及教育文化状况等方面，可以提高人均收入，特别是新增的水土保持经济林及经济作物。但由于目前还无法直接量化计算，未列入计算。

5. 水土保持功能价值总体评价

从保护水土资源、防灾减灾和改善生态等三方面的水土保持功能价值评价结果可知，2016年阳曲县水土保持功能价值为7.34亿元，单位面积价值为3.59元/m²。其中，保护水土资源价值为3.75亿元，占总体价值的51.13%；改善生态和防灾减灾功能价值分别占总体价值的48.60%和0.27%，见表7-4。

表7-4 阳曲县水土保持功能价值

一级功能	二级功能	价值/亿元	所占比例/%	所占比例/%	单位面积价值/(元/m²)
保护水土资源	预防和减少土壤流失	0.0088	0.24	51.13	1.84
	提高土壤质量和土地生产力	0.81	21.59		
	拦蓄地表径流、增加土壤入渗、提高水源涵养能力	2.93	78.17		
	小 计	3.75	100.00		
防灾减灾	减轻下游泥沙危害	0.02		0.27	0.010
	小 计	0.02			
改善生态	改善生物多样性	0.83	23.27	48.60	1.75
	固碳释氧	2.74	76.73		
	小 计	3.57	100.00		
合 计		7.34		100.00	3.59

7.3.4 甘肃省庆阳市西峰区

西峰区隶属于甘肃省庆阳市，处于晋陕甘高塬沟壑区，位于甘肃省东部、泾河上游的陇东黄土高原董志塬腹地。长约 47.70km，东西宽约 34.80km，总面积 996.35km²。西峰区属黄土高原沟壑区，海拔 1421m，地势由东北向西南倾斜。地形南北呈扇形，以董志、彭原两镇为中心的董志塬，塬面完整，地势平坦，是全国最大的黄土高原区。属温带大陆性半干旱气候，年日照总时 2400～2600h，年均降水量 400～600mm，年平均气温 10℃，年无霜期 160～180 天，光照充足，四季分明。

1. 保护水土资源价值

（1）预防和减少土壤流失。2016 年全区共减少土壤流失量 564.43 万 t。其中，耕地减少土壤侵蚀 309.14 万 t，林地减少土壤侵蚀 41.59 万 t，草地减少土壤侵蚀 213.70 万 t。共实现保土价值 0.30 亿元，其中耕地保土价值 2175.41 万元，林地保土价值 51.34 万元，草地保土价值 791.50 万元。

（2）提高土壤质量和土地生产力。2016 年西峰区减少土壤流失量 564.43 万 t，据当地市场价格折算氮、磷、钾、有机质的折纯价，得出氮、磷、钾和有机质保肥价值分别为 6236.92 万元、59.00 万元、1702.61 万元、27431.17 万元，共计 3.54 亿元。

（3）拦蓄地表径流、增加土壤入渗、提高水源涵养能力。2016 年西峰区各类措施共减少径流量 2864.92 万 m³，其中，耕地减少 1577.08 万 m³、林地减少 214.34 万 m³、草地减少 1073.51 万 m³，得出保水价值 1.83 亿元。森林、草地生态系统涵养水源量分别为 0.33 亿 m³、1.7 亿 m³，得出涵养水源价值 12.98 亿元。拦蓄地表径流、增加土壤入渗、提高水源涵养能力价值共计 14.81 亿元。

2. 防灾减灾价值

2016 年，西峰区减少土壤流失量 564.43 万 t，按 24% 的侵蚀量淤积河道计算，土壤容重取 1.35g/cm³，人工清淤费用按 62.95 元/m³ 计，减少下游泥沙危害总价值为 0.63 亿元。

3. 改善生态价值

（1）改善生物多样性。Shannon－Wiener 指数多介于 2～3 之间，物种多样性保育价值按 10000 元/（hm²·a）计。2016 年全区林地面积为 6817.3hm²，生物多样性价值为 0.68 亿元。

（2）固碳释氧。参考瑞典碳税率和氧补偿价值，2016 年，全区固碳价值 6802.91 万元，释氧价值为 32447.80 万元，共计 3.92 亿元。

4. 促进社会进步价值

水土保持可以改善区域土地利用结构、农村生产结构、基础设施、燃料等能源结构以及教育文化状况等方面，可以提高人均收入，特别是新增的水土保持经济林及经济作物。但由于目前还无法直接量化计算，未列入计算。

5. 水土保持功能价值总体评价

从保护水土资源、防灾减灾和改善生态等三方面的水土保持功能价值评价结果可知，2016年西峰区水土保持功能价值为23.90亿元，单位面积价值为2.50元/m²。其中，保护水土资源价值为18.66亿元，占总体价值的78.08%；改善生态和防灾减灾功能价值分别占总体价值的19.28%和2.64%，见表7-5。

表7-5   西峰区水土保持功能价值

一级功能	二 级 功 能	价值/亿元	所占比例/%	所占比例/%	单位面积价值/(元/m²)
保护水土资源	预防和减少土壤流失	0.30	1.62	78.08	1.96
	提高土壤质量和土地生产力	3.54	18.99		
	拦蓄地表径流、增加土壤入渗、提高水源涵养能力	14.82	79.39		
	小 计	18.66	100		
防灾减灾	减轻下游泥沙危害	0.63		2.64	0.066
	小 计	0.63			
改善生态	改善生物多样性	0.68	15.74	19.28	0.48
	固碳释氧	3.93	84.26		
	小 计	4.61	100		
合 计		23.90		100	2.50

7.3.5 甘肃省庆阳市环县

环县隶属于甘肃省庆阳市，位于甘肃省东部、庆阳市西北部。东、西宽约124km，南北长约127km，总面积9236km²。环县属黄土高原丘陵沟壑区，全境90%以上面积为黄土覆盖，土层厚度在60～240m之间。境内地貌可分为山脉岭梁、丘陵掌区、川道沟台和零碎残塬4种类型，有较大山脉106座，山掌400个，大小沟道17364条，大小残塬527块。地势西北高、东南低，海拔在1136～2089m之间。环县属温带大陆性季风气候，旱、雹、风、冻、虫五灾俱全，尤以旱灾为重。年平均气温 9.2℃，无霜期 200 天；年均降雨量 300mm 左右，日照时间 2600h，蒸发量 2000mm。

1. 保护水土资源价值

（1）预防和减少土壤流失。2016 年全县共减少土壤流失量 549.94 万 t。其中，耕地减少 204.88 万 t，林地减少 3.59 万 t，草地减少 341.47 万 t。测算得出耕地、林地和草地保土价值分别为 1441.77 万元、4.43 万元、1264.70 万元，共计 0.27 亿元。

（2）提高土壤质量和土地生产力。2016 年环县减少土壤流失量 549.94 万 t，根据当地市场价格折算氮、磷、钾、有机质折纯价值分别为 7011.73 万元、57.49 万元、1691.76 万元和 31181.58 万元，共计 3.99 亿元。

（3）拦蓄地表径流、增加土壤入渗、提高水源涵养能力。2016 年全县共减少径流量 2779.02 万 m³，其中，耕地、林地、草地分别减少 1045.22 万 m³、18.49 万 m³、1715.31 万 m³，保水价值 1.78 亿元。森林和草地生态系统涵养水源量分别为 138.85 万 m³、13582.86 万 m³，得出涵养水源价值 8.78 亿元。拦蓄地表径流、增加土壤入渗、提高水源涵养能力价值共计 10.56 亿元。

2. 防灾减灾价值

2016 年，环县减少土壤流失 549.94 万 t，按 24% 的侵蚀量淤积河道计算，土壤容重取 1.35g/cm³，人工清淤费用按 62.95 元/m³ 计，减少下游泥沙危害总价值为 0.62 亿元。

3. 改善生态价值

（1）改善生物多样性。Shannon－Wiener 指数多介于 2～3 之间，物种多样性保育价值按 10000 元/(hm²·a) 计。2016 年，环县林地面积为 588.05hm²，生物多样性价值为 0.059 亿元。

（2）固碳释氧。参考瑞典碳税率和氧补偿值，2016 年固碳价值为 5365.65 万元、释氧价值为 25506.14 万元，合计为 3.09 亿元。

4. 促进社会进步价值

水土保持可以改善区域土地利用结构、农村生产结构、基础设施、燃料等能源结构以及教育文化状况等方面，可以提高人均收入，特别是新增的水土保持经济林及经济作物。但由于目前还无法直接量化计算，未列入计算。

5. 水土保持功能价值总体评价

从保护水土资源、防灾减灾和改善生态等三方面的水土保持功能价值评价结果可知，2016 年环县水土保持功能价值为 18.59 亿元，单位面积价值为 2.01 元/m²。其中，保护水土资源价值为 14.83 亿元，占总体价值的

79.76%；改善生态和防灾减灾功能价值分别占总体价值的 16.93% 和 3.31%，见表 7-6。

表 7-6 环县水土保持功能价值

一级功能	二 级 功 能	价值/亿元	所占比例/%	所占比例/%	单位面积价值/（元/m²）
保护水土资源	预防和减少土壤流失	0.27	1.83	79.76	1.60
	提高土壤质量和土地生产力	3.99	26.94		
	拦蓄地表径流、增加土壤入渗、提高水源涵养能力	10.56	71.23		
	小　计	14.82	100		
防灾减灾	减轻下游泥沙危害	0.62		3.31	0.067
	小　计	0.62			
改善生态	改善生物多样性	0.06	2.17	16.93	0.34
	固碳释氧	3.09	97.83		
	小　计	3.15	100		
合　计		18.59		100	2.01

7.3.6 陕西省延安市宝塔区

宝塔区位于陕西省北部，延安市中部，总面积 3556km²。海拔 860.60～15250.00m。宝塔区西北、西南部高，中部隆起，呈两个环状向东倾斜的丘陵河谷地形。宝塔区境内黄土梁、峁基本呈连续状分布，沟涧地与沟谷地交错纵横，支离破碎，梁峁相间，黄土覆盖厚度 30～180m。宝塔区年均无霜期 150 天，年均气温 7℃，年均降水量 550mm。宝塔区境内土地资源、矿产资源、农林资源丰富。全区现存天然次生林 1053km²，退耕还林面积 643.4km²，木材蓄积量 3.83 万 m³，有各种兽类、禽类 100 多种，甘草、柴胡、远志等中药材 200 多种。宝塔区也是能源资源富集之地，全区已探明紫砂陶土储量 700 万 t、石油储量 1.46 亿 t、煤炭储量 10.83 亿 t、天然气储量 470 亿 m³。

1. 保护水土资源价值

（1）预防和减少土壤流失。2016 年全区共减少土壤流失量 116.12 万 t。其中，耕地、林地和草地分别减少 11.93 万 t、46.51 万 t、57.68 万 t。按耕地、林地和草地经济效益分别测算，得出保土价值 0.04 亿元。

（2）提高土壤质量和土地生产力。2016 年全区减少土壤流失量 116.12 万 t，根据当地市场价格折算氮、磷、钾、有机质折纯价值分别为 904.74 万元、1161.79 万元、30085.09 万元和 3918.94 万元，保肥价值为 3.61 亿元。

（3）拦蓄地表径流、增加土壤入渗、提高水源涵养能力。2016 年全区共减少径流量 448.91 万 m³，其中，耕地、林地和草地分别减少 23.04 万 m³、305.61 万 m³、120.26 万 m³，保水价值为 0.22 亿元。森林、草地生态系统涵养水源分别为 3327 万 m³、3607.85 万 m³，涵养水源价值为 3.47 亿元。拦蓄地表径流、增加土壤入渗、提高水源涵养能力价值共计 3.69 亿元。

2. 防灾减灾价值

2016 年，宝塔区减少土壤流失量 58.85 万 t，按 24% 的侵蚀量淤积河道计算，土壤容重取 1.35g/cm³，人工清淤费按 51.64 元/m³ 计，减少下游泥沙危害总价值为 0.11 亿元。

3. 改善生态价值

（1）改善生物多样性。Shannon - Wiener 指数多介于 2～3 之间，物种多样性保育价值按 10000 元/（hm² · a）计。2016 年，宝塔区林地面积为 7200.63hm²，生物多样性价值为 0.72 亿元。

（2）固碳释氧。参考瑞典碳税率和氧气补偿价格，全区年固碳价值为 2958.15 万元，年释氧价值为 14130.78 万元，共计 1.71 亿元。

4. 促进社会进步价值

水土保持可以改善区域土地利用结构、农村生产结构、基础设施、燃料等能源结构以及教育文化状况等方面，可以提高人均收入，特别是新增的水土保持经济林及经济作物。但由于目前还无法直接量化计算，未列入计算。

5. 水土保持功能价值总体评价

从保护水土资源、防灾减灾和改善生态等三方面的水土保持功能价值评价结果可知，2016 年宝塔区水土保持功能价值为 9.88 亿元，单位面积价值为 5.52 元/m²。其中，保护水土资源价值为 7.34 亿元，占总体价值的 74.32%；其次为改善生态和防灾减灾功能价值，分别占总体价值的 24.60% 和 1.08%，见表 7 - 7。

表 7 - 7　　　　　　　　宝塔区水土保持功能价值

一级功能	二 级 功 能	价值/亿元	所占比例/%	所占比例/%	单位面积价值/(元/m²)
保护水土资源	预防和减少土壤流失	0.04	0.55	74.32	4.10
	提高土壤质量和土地生产力	3.61	49.18		
	拦蓄地表径流、增加土壤入渗、提高水源涵养能力	3.69	50.27		
	小　　计	7.34	100		
防灾减灾	减轻下游泥沙危害	0.11		1.08	0.06
	小　　计	0.11			

一级功能	二级功能	价值/亿元	所占比例/%	所占比例/%	单位面积价值/(元/m²)
改善生态	改善生物多样性	0.72	29.64	24.60	1.36
	固碳释氧	1.71	70.36		
	小　计	2.43	100		
合　计		9.88		100	5.52

7.3.7　陕西省安塞区

延安市安塞区位于陕西省北部，地处内陆黄土高原腹地，在109°05′44″～109°26′18″E、36°30′45″～37°19′03″N，总面积2950km²。安塞区属陕北黄土高原丘陵沟壑区，地貌复杂多样，境内沟壑纵横、川道狭长、梁峁遍布，由南向北呈梁、峁、塌、湾、坪、川等地貌，特点是山高、坡陡、沟深，相对高度为200～300m。安塞区属中温带大陆性半干旱季风气候，四季长短不等，干湿分明。安塞区境内有延河、大理河、清涧河3条水系，其中延河流域面积占总面积的89.80%；大理河、清涧河分别占5.70%和4.50%。水资源总量为15572万m³，地表径流量1.1781亿m³，过境客水量3791万m³。年平均气温8.8℃，年平均降水量为505.3mm，年日照时数为2395.6h，日照率达54%，全年无霜期157天。安塞区主要土类为黄土性土，包括黄绵土、绵沙土、灰绵土3个亚类。

1. 保护水土资源价值

（1）预防和减少土壤流失。2016年全区共减少土壤流失量10201.23万t。其中，耕地、林地、草地分别减少8.89万t、11.61万t、10180.73万t。按耕地、林地和草地经济效益分别测算，保土价值为1.80亿元。

（2）提高土壤质量和土地生产力。2016年全区减少土壤流失量10201.23万t，根据当地市场价格折算氮、磷、钾、有机质折纯价值分别为79484.59万元、102066.66万元、2643069.53万元、344291.44万元，共计316.89亿元。

（3）拦蓄地表径流、增加土壤入渗、提高水源涵养能力。2016年全区共减少径流量13440.94万m³，其中，耕地、林地、草地分别减少11.96万m³、12.13万m³、13416.85万m³，保水价值6.72亿元。森林、草地生态系统涵养水源量分别为204.58万m³、170470.02万m³，涵养水源价值85.33亿元。拦蓄地表径流、增加土壤入渗、提高水源涵养能力价值共计92.05亿元。

2. 防灾减灾价值

2016年全区减少土壤流失量10201.23万t，按24％的侵蚀量淤积河道计算，土壤容重取1.35g/cm³，人工清淤费用按51.64元/m³计，减少下游泥沙危害总价值为9.37亿元。

3. 改善生态价值

（1）改善生物多样性。Shannon-Wiener指数多介于2～3之间，则物种多样性保育价值按10000元/(hm²·a)计。2016年，安塞区林地面积为1797.57hm²，生物多样性价值为0.18亿元。

（2）固碳释氧。参考瑞典碳税率和释氧补偿价格，全区年固碳价值为11.14亿元，年释氧价值为52.87亿元，共计64.01亿元。

4. 促进社会进步价值

水土保持可以改善区域土地利用结构、农村生产结构、基础设施、燃料等能源结构以及教育文化状况等方面，可以提高人均收入，特别是新增的水土保持经济林及经济作物。但由于目前还无法直接量化计算，未列入计算。

5. 水土保持功能价值总体评价

从保护水土资源、防灾减灾和改善生态等三方面的水土保持功能价值评价结果可知，2016年安塞区水土保持功能价值为484.30亿元，单位面积价值为3.29元/m²。其中，保护水土资源价值为410.74亿元，占总体价值的84.81％；其次为改善生态和防灾减灾功能价值，分别占总体价值的13.26％和1.93％，见表7-8。

表7-8　　　　　　　　　安塞区水土保持功能价值

一级功能	二　级　功　能	价值/亿元	所占比例/％	所占比例/％	单位面积价值/(元/m²)
保护水土资源	预防和减少土壤流失	1.80	0.44	84.81	2.79
	提高土壤质量和土地生产力	316.89	77.15		
	拦蓄地表径流、增加土壤入渗、提高水源涵养能力	92.05	22.41		
	小　　计	410.74	100		
防灾减灾	减轻下游泥沙危害	9.37		1.93	0.06
	小　　计	9.37			
改善生态	改善生物多样性	0.18	0.28	13.26	0.44
	固碳释氧	64.01	99.72		
	小　　计	64.19	100		
合　　　计		484.30		100	3.29

7.4　区域水土保持功能价值

依据目前可获取的参数指标计算，本研究仅考虑保护水土资源、防灾减灾和改善生态等三方面的水土保持功能价值进行评价，结果表明，2016 年西北黄土高原区水土保持功能价值为 17073.64 亿元，单位面积价值为 3.56 元/m²，见表 7-9。

表 7-9　　西北黄土高原区 2016 年度水土保持功能分类价值

一级功能	二级功能	价值/亿元	所占比例/%	所占比例/%	单位面积价值/(元/m²)
保护水土资源	预防和减少土壤流失	198.65	1.51	76.92	2.74
	提高土壤质量和土地生产力	6016.93	45.81		
	拦蓄地表径流、增加土壤入渗、提高水源涵养能力	6918.93	52.68		
	小　计	13133.61	100		
防灾减灾	减轻下游泥沙危害	358.80		2.10	0.07
	小　计	358.80			
改善生态	改善生物多样性	581.80	16.25	20.98	0.75
	固碳释氧	2999.32	83.75		
	小　计	3581.23	100		
合　计		17073.64		100	3.56

第 8 章

南方红壤区水土保持功能价值

8.1 区域自然环境与经济社会概况

8.1.1 自然环境概况

南方红壤区位于淮河以南，巫山—武夷山—云贵高原以东，国土总面积约 124 万 km²，涉及江苏、安徽、河南、湖北、上海、浙江、江西、湖南、广西、福建、广东、香港、澳门、海南和台湾 15 省（自治区、直辖市、特别行政区）共 880 个县（市、区）。该区地处我国第三级地势阶梯，地势东西差异大，山地、丘陵、平原、谷地均有分布，平均海拔 240m。该区属于热带、亚热带季风气候区。一方面，水热资源丰富，对作物生长和水土流失区的植被恢复十分有利；另一方面，降水量大且分布集中，植被一旦破坏，极易产生水土流失，且季节性干旱严重影响侵蚀地区的植被恢复。该区光能资源丰富，全年平均日照时数为 1489～2900h。该区年均温度为 15～25℃，最冷月均温 2～15℃，最热月均温 28～38℃。年均降水量 900～2100mm，年际变化不大，降水的季节性分布十分明显，主要集中于 4—9 月，占全年的 70%～80%，且降雨强度大，雨量集中，极易产生崩岗、滑坡、泥石流等严重侵蚀。南方红壤区内土壤类型丰富，主要有黄棕壤、黄壤、红壤、赤红壤等地带性土壤，以及紫色土、石灰土和水稻土等非地带性土壤。南方红壤区跨越了热带雨林、南亚热带雨林、中亚热带常绿阔叶林和北亚热带常绿落叶混交林带等 4 个植被地带，主要植被类型有落叶阔叶林、常绿落叶阔叶混交林、常绿阔叶林、季雨林、雨林和红树林。虽然该区植被覆盖度较高，但林下植被差，不能完全满足水土保持的要求。此外，南方红壤区的旱作耕地大部分为坡耕地，地表在不断受到人为扰动的状态下，水土流失仍很严重，换茬季节更为突出。

8.1.2 社会经济状况

该区总人口 48742.79 万人，占全国总人口的 36.36%，农业人口 22400.28 万人，占该区人口总数的 45.96%，农业劳力 16511.59 万人，人口密度 381 人/km²。该区各省人口密度均远远大于全国平均人口密度，且绝大多数省份人口的自然增长率高于全国平均水平。此外，各省区内人口分布也很不平衡，山区人口密度远小于平原和丘陵区。该区生产总值 217678.99 亿元，占我国国内生产总值的 41.75%。其中，农业总产值 40391.90 亿元，占地区生产总值的 18.56%。农业人均年纯收入 7347 元。该区是粮、油、果、茶和木材的重要生产基地，区内人均耕地少，但土地生产力高，粮食总产量 16263.79 万 t。该区是我国重要的沿海、沿江和沿边开发、开放区，工商业发达，进出口贸易等发展十分迅速，是经济增长异常活跃的地区之一。南方红壤区土地利用程度较高，林地、耕地较多，草地、园地较少，土地利用方式以农林业用地为主，未利用土地所占面积比例不大。该区耕地 2823.44 万 hm²、林地 6069.64 万 hm²、园地 622.37 万 hm²、草地 238.11 万 hm²，分别占全区总面积的 22.73%、48.85%、5.01%、1.92%。土地利用方式变化速度快，耕地流失严重，人地矛盾突出。

8.1.3 水土流失概况

南方红壤区水土流失以轻中度为主，全部为水力侵蚀，水土流失总面积为 16.03 万 km²，占土地总面积的 12.65%。按侵蚀强度分，轻度 8.45 万 km²、中度 4.61 万 km²、强烈 1.99 万 km²、极强烈 0.77 万 km² 和剧烈 0.21 万 km²，分别占水土流失总面积的 52.74%、28.74%、12.39%、4.82% 和 1.31%。

8.2 计算参数

本节研究物质量测算数据主要来源于国家统计年鉴、全国水土保持公报、典型县监测数据、2016—2017 年国民经济和社会发展统计公报以及相关文献资料。价值量基础数据来源于当地市场调查，见表 8-1。

表 8-1　　　　南方红壤区主要计算参数取值及依据

参数名称 \ 典型县		溧阳县	五华县	霍山县	歙　县	泰和县	衡东县	隆回县	苍南县	依据说明
土地年均收益 /(元/hm²)	耕地	73800	78200	76700	134500	21800	58200	24100	46600	2016 年各县国民经济和社会发展统计公报、统计年鉴
	林地	5000	5000	5000	5000	5000	5000	5000	5000	
	草地	15000	15000	15000	15000	15000	15000	15000	15000	

续表

参数名称	典型县	溧阳县	五华县	霍山县	歙　县	泰和县	衡东县	隆回县	苍南县	依据说明
化肥价格 /(元/t)	氮肥	13600	13600	13600	13600	13600	13600	13600	13600	2016年化肥市场价格（折纯价）
	磷肥	14000	14000	14000	14000	14000	14000	14000	14000	
	钾肥	13666	13666	13666	13666	13666	13666	13666	13666	
	有机质	4500	4500	4500	4500	4500	4500	4500	4500	
土壤养分含量 /(g/kg)	氮	1.73	0.13	1.35	1.70	0.05	0.08	0.08	2.44	全国第二次土壤普查数据
	速效磷	0.52	0.002	0.01	0.003	0.003	0.004	0.006	0.02	
	速效钾	0.01	0.03	0.13	0.12	0.06	0.05	0.06	0.09	
	有机质	29.20	31.40	24.00	34.30	10.40	12.40	16.70	50.50	
水价/(元/m³)		3.66	2.81	1.80	3.14	1.20	2.56	4.57	4.95	2016年各县生活用水阶梯价格
清淤价格 /(元/m³)		46.28	54.41	37.49	44.78	51.28	50.03	46.62	50.74	调查数据（各县水库工程投资规模推算）
土壤容重 /(g/cm³)		1.35	1.35	1.35	1.35	1.35	1.35	1.35	1.35	调查数据
物种保育价值 /[元/(hm²·a)]		10000	10000	10000	10000	10000	10000	10000	10000	《森林生态系统服务功能评估规范》(LY/T 1721—2008)
碳税率/(元/t)		1200	1200	1200	1200	1200	1200	1200	1200	参照瑞典数据
氧气价格/(元/t)		2148	2148	2148	2148	2148	2148	2148	2148	参照瑞典数据

8.3　典型县水土保持功能价值

8.3.1　江苏省溧阳县

溧阳隶属于江苏省常州市，国土总面积 1535.87km²，溧阳县境内有低山、丘陵、平原圩区等多种地貌类型，地势南、西、北三面较高，腹部与东部较平。南部为低山区，山势较为陡峭；西北部为丘陵区，岗峦起伏连绵；腹部自西向东地势平坦，为平原圩区。溧阳属北亚热带季风气候，干湿冷暖，四季分明，温和湿润。年平均气温为 15.5℃，月平均气温 1 月为 2.7℃，7 月为 28.1℃。全年无霜期 250 天，年均降水量 1152.1mm，日照时间 1992.5h。累计治理水土流失面积 1027km²。

1. 保护水土资源价值

（1）预防和减少土壤流失。2016年度全县共减少土壤流失量25.71万t，其中，林地、草地、园地和耕地分别减少10.35万t、3.96万t、1.32万t、10.08万t。按照当地土壤经济效益为3元/m^3、土壤容重为1.35g/cm^3，计算得出预防和减少土壤流失价值为11.40亿元。

（2）提高土壤质量和土地生产力。2016年度，全县共减少土壤流失25.71万t，按当地市场价分别计算氮、磷、钾和有机质折纯后价值，得出提高土壤质量和土地生产力价值为19.70亿元。

（3）拦蓄地表径流、增加土壤入渗、提高水源涵养能力。各类措施拦蓄地表径流量为2.26亿m^3。根据当地水价，计算得出涵养水源价值为4.52亿元。

2. 防灾减灾价值

主要计算减轻下游泥沙危害。2016年度，溧阳县减少土壤流失量25.71万t，按30%侵蚀量淤积河道计算，泥沙容重取1.45g/cm^3，挖取和运输的人工费按46.28元/m^3计算，减少淤积总价值为7.99亿元。

3. 改善生态价值

（1）改善生物多样性。Shannon-Wiener指数多介于2～3之间，则物种多样性保育价值按10000元/(hm^2·a)计算。2016年，全县林地面积为9.37万hm^2，生物多样性价值为9.37亿元。

（2）固碳释氧。参考瑞典碳税率和氧价值，计算得出固碳释氧价值为16.17亿元。

4. 促进社会进步价值

水土保持可以改善区域土地利用结构、农村生产结构、基础设施、燃料等能源结构以及教育文化状况等方面，可以提高人均收入，特别是新增的水土保持经济林及经济作物。但由于目前还无法直接量化计算，未列入计算。

5. 水土保持功能价值总体评价

从保护水土资源、防灾减灾和改善生态等三方面的水土保持功能价值评价结果可知，溧阳市水土保持功能价值为69.15亿元，单位面积价值为4.50元/m^2。其中保护水土资源价值为35.62亿元，占总价值的51.51%；其次为改善生态和防灾减灾功能价值，分别占总体价值的36.93%和11.55%，见表8-2。

8.3.2 广东省五华县

五华县地处广东省东北部，全县地形呈菱形，总面积达3226.06km^2。五华是粤东丘陵地带的一部分，北回归线横跨县境南端，属中低纬度南亚热带季风性湿润气候，日照充足，雨水丰富，夏秋温热多雨，冬季较短，开春较

表 8-2 溧阳县水土保持功能价值

一级功能	二级功能	价值/亿元	所占比例/%	所占比例/%	单位面积价值/(元/m²)
保护水土资源	预防和减少土壤流失	11.40	32.00	51.51	2.32
	提高土壤质量和土地生产力	19.70	55.31		
	拦蓄地表径流、增加土壤入渗、提高水源涵养能力	4.52	12.69		
	小　计	35.62	100.00		
防灾减灾	减轻下游泥沙危害	7.99		11.55	0.52
	小　计	7.99			
改善生态	改善生物多样性	9.37	36.69	36.93	1.66
	固碳释氧	16.17	63.31		
	小　计	25.54	100.00		
合　计		69.15		100.00	4.50

早，有利于植物生长。县境地形复杂且降雨量分布不均。1979—2000年，全县年均降雨量为1519.7mm、蒸发量为1844.8mm，冬春季节蒸发量多，占年蒸发量的36.4%。年均地表水资源量25.97亿 m³，地下水资源直接以降雨和地表径流为补给源，并以河川基流的形成与地表水资源重复交替转换。因此，地下水资源不充足。累计治理水土流失面积为2710.2km²。

1. 保护水土资源价值

（1）预防和减少土壤流失。2016年度，全县共减少土壤流失量1015.88万t，其中，林地减少922.34万t，耕地减少87.14万t，园地减少6.4万t。按照当地土壤经济效益为4.5元/m³、土壤容重为1.45g/cm³，计算得出预防和减少土壤流失的水土保持功能价值为39.41亿元。

（2）提高土壤质量和土地生产力。全县共减少土壤流失量1015.88万t，按照当地市场价格，分别计算氮、磷、钾和有机质折纯后价值，得出提高土壤质量和土地生产力价值为65.66亿元。

（3）拦蓄地表径流、增加土壤入渗、提高水源涵养能力。各类措施拦蓄地表径流量为64.68万 m³。根据当地水价，计算得出涵养水源价值为2.00亿元。

2. 防灾减灾价值

2016年五华县减少土壤流失量1015.88万t，按30%的侵蚀量淤积河道计算，泥沙容重取1.45g/cm³，挖取和运输的人工费按54.41元/m³河沙计算，减少淤积总价值为31.53亿元。

3. 改善生态价值

（1）改善生物多样性。Shannon - Wiener 指数多介于 2～3 之间，则物种多样性保育价值按 10000 元/（hm² · a）计算。2016 年，全县林地面积为113.23 万 hm²，生物多样性价值为 113.23 亿元。

（2）固碳释氧。参考瑞典碳税率和氧价值，计算得出固碳释氧价值为19.53 亿元。

4. 促进社会进步价值

水土保持可以改善区域土地利用结构、农村生产结构、基础设施、燃料等能源结构以及教育文化状况等方面，可以提高人均收入，特别是新增的水土保持经济林及经济作物。但由于目前还无法直接量化计算，未列入计算。

5. 水土保持功能价值总体评价

从保护水土资源、防灾减灾和改善生态等三方面的水土保持功能价值评价结果可知，五华县水土保持功能价值为 271.36 亿元，单位面积价值为 8.42元/m²。其中改善生态价值为 132.76 亿元，占总价值的 48.92%；其次为保护水土资源和防灾减灾功能价值，分别占 39.46% 和 11.62%，见表 8 - 3。

表 8 - 3　　　　　　　　　五华县水土保持功能价值

一级功能	二级功能	价值/亿元	所占比例/%	所占比例/%	单位面积价值/（元/m²）
保护水土资源	预防和减少土壤流失	39.41	36.80	39.46	3.32
	提高土壤质量和土地生产力	65.66	61.33		
	拦蓄地表径流、增加土壤入渗、提高水源涵养能力	2.00	1.87		
	小　计	107.08	100.00		
防灾减灾	减轻下游泥沙危害	31.53		11.62	0.98
	小　计	31.53			
改善生态	改善生物多样性	113.23	85.29	48.92	4.12
	固碳释氧	19.53	14.71		
	小　计	132.76	100.00		
合　计		271.36		100.00	8.42

8.3.3　安徽省霍山县

霍山县位于安徽省西部偏南，国土总面积为 2043km²。霍山县总体为山地地貌，地势由东南向西北倾斜，依次可分为中山、低山和丘陵畈区，间或分布一些小型河谷盆地。霍山县属北亚热带湿润季风气候区，主要气候特征是季风气候明显，雨量充沛，冷热适中；区域差异和垂直变化大；光、热、水等气候资源丰富。全县年平均降水量为 1366mm，夏季是一年中雨量最集中的季节，其降水量占全年的 44.1%。梅雨季节阴雨连绵，时伴有雷暴大风。累计治理水土流失面积为 1760.1 km²。

1. 保护水土资源价值

（1）预防和减少土壤流失。2016 年度霍山县各类措施共减少土壤流失量 1398.43 万 t，其中，林地减少 1135.90 万 t，耕地减少 169.15 万 t，园地减少 93.37 万 t。按照当地土壤经济效益为 45 元/m³，土壤容重为 1.45g/cm³，计算得出预防和减少土壤流失价值为 10.85 亿元。

（2）提高土壤质量和土地生产力。本次计算中，按当地市场价格，分别测算氮、磷、钾和有机质折纯后价值，得出提高土壤质量和土地生产力价值为 9.50 亿元。

（3）拦蓄地表径流、增加土壤入渗、提高水源涵养能力。各类措施拦蓄地表径流量为 1.28 亿 m³。根据当地水价，得出涵养水源价值为 2.56 亿元。

2. 防灾减灾价值

2016 年度霍山县减少土壤流失量 1398.423 万 t，按 30% 的侵蚀量淤积河道计算，泥沙容重取 1.45g/cm³，挖取和运输的人工费按 37.49 元/m³ 河沙计算，减少淤积总价值为 43.40 亿元。

3. 改善生态价值

（1）改善生物多样性。Shannon - Wiener 指数多介于 2～3 之间，则物种多样性保育价值按 10000 元/(hm²·a) 计。2016 年，全县林地面积为 7.37 万 hm²，生物多样性价值为 7.37 亿元。

（2）固碳释氧。参考瑞典碳税率和氧价值，计算得出固碳释氧价值为 14.46 亿元。

4. 促进社会进步价值

水土保持可以改善区域土地利用结构、农村生产结构、基础设施、燃料等能源结构以及教育文化状况等方面，可以提高人均收入，特别是新增的水土保持经济林及经济作物。但由于目前还无法直接量化计算，未列入计算。

5. 水土保持功能价值总体评价

从保护水土资源、防灾减灾和改善生态等三方面的水土保持功能价值评价结果可知，霍山县水土保持功能价值为 88.14 亿元，单位面积价值为 4.31 元/m²。其中防灾减灾价值为 43.40 亿元，占总价值的 49.25%；其次为保护水土资源和改善生态功能价值，分别占 25.98% 和 24.77%，见表 8 - 4。

表 8-4 霍山县水土保持功能价值

一级功能	二 级 功 能	价值/亿元	所占比例/%	所占比例/%	单位面积价值/（元/m²）
保护水土资源	预防和减少土壤流失	10.85	47.36	25.98	1.12
	提高土壤质量和土地生产力	9.50	41.47		
	拦蓄地表径流、增加土壤入渗、提高水源涵养能力	2.56	11.17		
	小　计	22.91	100.00		
防灾减灾	减轻下游泥沙危害	43.40		49.25	2.12
	小　计	43.40			
改善生态	改善生物多样性	7.37	33.75	24.77	1.07
	固碳释氧	14.46	66.25		
	小　计	21.83	100.00		
合　计		88.14		100.00	4.31

8.3.4 安徽省歙县

歙县位于安徽省南部，面积为 2122km²，属亚热带季风气候，年均气温 16.4℃，年降水量 1477mm。歙县境内地表水主要是河水，部分山峰顶部有天池、天湖水；地下水有孔隙水、岩溶水和裂隙水。歙县水资源总量为 22.13 亿 m³，均由大气降水补给，其水文特性深受地形、气候影响。山地、谷地与其过渡地带之间，年降雨量的差值分别为 250mm 和 200mm；而丰水、枯水与其过渡季节之间，季降雨量的差值则分别为 350mm 和 220mm。累计治理水土流失面积为 1457.88km²。

1. 保护水土资源价值

（1）预防和减少土壤流失。2016 年，全县共减少土壤流失量 993.54 万 t，其中，林地减少 928.52 万 t，草地减少 65.02 万 t。按照当地土壤经济效益为 45 元/m³，土壤容重为 1.45g/cm³，计算得出预防和减少土壤流失价值为 7.70 亿元。

（2）提高土壤质量和土地生产力。分别计算氮、磷、钾和有机质折纯后价值，得出提高土壤质量和土地生产力价值为 6.10 亿元。

（3）拦蓄地表径流、增加土壤入渗、提高水源涵养能力。各类措施拦蓄地表径流量为 1.28 亿 m³。根据当地水价，计算得出涵养水源价值为 6.67 亿元。

2. 防灾减灾价值

2016 年度歙县减少土壤流失量 993.54 万 t，按 30% 的侵蚀量淤积河道计算，泥沙容重取 1.45g/cm³，挖取和运输的人工费按 44.78 元/m³ 河沙计算，减少淤积总价值为 30.83 亿元。

3. 改善生态价值

（1）改善生物多样性。Shannon-Wiener 指数多介于 2～3 之间，则物种多样性保育价值按 10000 元/（hm²·a）计。2016 年，全县林地面积为 6.83 万 hm²，生物多样性价值为 6.83 亿元。

（2）固碳释氧。参考瑞典碳税率为 1200 元/t，氧价值 2148 元/t 进行计算，得到固碳释氧的经济效益为 11.78 亿元。

4. 促进社会进步价值

水土保持可以改善区域土地利用结构、农村生产结构、基础设施、燃料等能源结构以及教育文化状况等方面，可以提高人均收入，特别是新增的水土保持经济林及经济作物。但由于目前还无法直接量化计算，未列入计算。

5. 水土保持功能价值总体评价

从保护水土资源、防灾减灾和改善生态等三方面的水土保持功能价值评价结果可知，歙县水土保持功能价值为 69.91 亿元，单位面积价值为 3.30 元/m²。其中防灾减灾价值为 30.83 亿元，占总价值的 44.09%；其次为保护水土资源和改善生态功能价值，分别占总价值的 29.30% 和 26.61%，见表 8-5。

表 8-5   歙县水土保持功能价值

一级功能	二 级 功 能	价值/亿元	所占比例/%	所占比例/%	单位面积价值/（元/m²）
保护水土资源	预防和减少土壤流失	7.70	37.63	29.30	0.97
	提高土壤质量和土地生产力	6.10	29.82		
	拦蓄地表径流、增加土壤入渗、提高水源涵养能力	6.67	32.55		
	小　计	20.47	100.00		
防灾减灾	减轻下游泥沙危害	30.83		44.09	1.45
	小　计	30.83			
改善生态	改善生物多样性	6.83	36.70	26.61	0.88
	固碳释氧	11.78	63.30		
	小　计	18.61	100.00		
合　计		69.91		100.00	3.30

8.3.5　江西省泰和县

泰和县位于江西省中南部，国土总面积为 2667km²。境内地貌多样，山地面积占 16%、丘陵面积占 54%、河谷平原面积占 30%，泰和县森林覆盖率 51.6%，森林蓄积量 450 万 m^3，吉泰平原（泰和境内部分）为泰和最大的平原。年均日照 1756.4h，气温 18.6℃，无霜期 281 天，降雨量 1726mm，光能充足，四季分明，热量丰富，雨量丰沛，属典型的中亚热带湿润季风气候。累计治理水土流失面积 2267km²。

1. 保护水土资源价值

（1）预防和减少土壤流失。2016 年度全县共减少土壤流失量 870.92 万 t。其中，林地减少 554.89 万 t，草地减少 144.75 万 t，耕地减少 301.56 万 t。按照当地土壤经济效益为 45 元/m^3、土壤容重为 1.45g/cm^3，计算得出预防和减少土壤流失价值为 12.87 亿元。

（2）提高土壤质量和土地生产力。本次计算中，按照当地市场价格，分别测算土壤氮、磷、钾和有机质折纯后价值，得出提高土壤质量和土地生产力价值为 6.39 亿元。

（3）拦蓄地表径流、增加土壤入渗、提高水源涵养能力。各类措施拦蓄地表径流量为 235.72 万 m^3，计算得出涵养水源价值为 4.71 亿元。

2. 防灾减灾价值

2016 年度泰和县减少土壤流失量 870.92 万 t，按 30% 的侵蚀量淤积河道计算，泥沙容重取 1.45g/cm^3，挖取和运输的人工费按 51.28 元/m^3 河沙计算，减少淤积总价值为 27.03 亿元。

3. 改善生态价值

（1）改善生物多样性。Shannon – Wiener 指数多介于 2～3 之间，则物种多样性保育价值按 10000 元/（hm²·a）计。2016 年，全县林地面积为 8.16 万 hm²，生物多样性价值为 8.16 亿元。

（2）固碳释氧。参考瑞典碳税率和氧价值 2148 元/t，计算得出固碳释氧价值为 140.76 亿元。

4. 促进社会进步价值

水土保持可以改善区域土地利用结构、农村生产结构、基础设施、燃料等能源结构以及教育文化状况等方面，可以提高人均收入，特别是新增的水土保持经济林及经济作物。但由于目前还无法直接量化计算，未列入计算。

5. 水土保持功能价值总体评价

从保护水土资源、防灾减灾和改善生态等三方面的水土保持功能价值评价结果可知，泰和县水土保持功能价值为 199.92 亿元，单位面积价值为 7.49 元/m^2。其中改善生态价值为 148.92 亿元，占总价值的 74.49%；其次为防灾减灾和保护水土资源功能价值，分别占总价值的 13.52% 和 11.99%，见表 8-6。

表8-6　　　　　　　　泰和县水土保持功能价值

一级功能	二级功能	价值/亿元	所占比例/%	所占比例/%	单位面积价值/(元/m²)
保护水土资源	预防和减少土壤流失	12.87	53.69	11.99	0.90
	提高土壤质量和土地生产力	6.39	26.64		
	拦蓄地表径流、增加土壤入渗、提高水源涵养能力	4.71	19.67		
	小　计	23.97	100.00		
防灾减灾	减轻下游泥沙危害	27.03		13.52	1.01
	小　计	27.03			
改善生态	改善生物多样性	8.16	5.48	74.49	5.58
	固碳释氧	140.76	94.52		
	小　计	148.92	100.00		
合　计		199.92		100.00	7.49

8.3.6　湖南省衡东县

衡东县位于南岳衡山东南部,居湘江中游的衡阳盆地与醴攸盆地之间。国土面积1926km²。地形以丘陵为主,兼有平原和山地。地势东南高西北低,凤凰山雄踞于东部,四方山矗峙于南部。属亚热带季风温润气候,年均气温17.7℃,雨量丰沛。年均日照1812h,年均气温18.9℃,年均降雨量1336mm,相对湿度为78%,年无霜期300天。累计治理水土流失面积为1480.28km²。

1. 保护水土资源价值

(1)预防和减少土壤流失。2016年度全县共减少土壤流失量188.74万t,其中,林地减少130.82万t,耕地减少57.91万t。按照当地土壤经济效益为45元/m³,土壤容重为1.45g/cm³,计算得出预防和减少土壤流失价值为10.85亿元。

(2)提高土壤质量和土地生产力。本次计算中,按照当地市场价格,分别计算土壤氮、磷、钾和有机质折纯后价值,得出提高土壤质量和土地生产力价值13.59亿元。

(3)拦蓄地表径流、增加土壤入渗、提高水源涵养能力。各类措施拦蓄地表径流量为64.68万m³。根据当地水价,计算得出涵养水源价值为0.13亿元。

2. 防灾减灾价值

2016年衡东县减少土壤流失量188.74万t,按30%的侵蚀量淤积河道计算,泥沙容重取1.45g/cm³,挖取和运输的人工费按50.03元/m³河沙计算,减少淤积总价值为 5.86 亿元。

3. 改善生态价值

（1）改善生物多样性。Shannon－Wiener 指数多介于 2～3 之间，则物种多样性保育价值按 10000 元/（hm² · a）计。2016 年，全县林地面积为 51300 hm²，生物多样性价值为 5.13 亿元。

（2）固碳释氧。参考瑞典碳税率和氧价值，计算得出固碳释氧价值为 8.85 亿元。

4. 促进社会进步价值

水土保持可以改善区域土地利用结构、农村生产结构、基础设施、燃料等能源结构以及教育文化状况等方面，可以提高人均收入，特别是新增的水土保持经济林及经济作物。但由于目前还无法直接量化计算，未列入计算。

5. 水土保持功能价值总体评价

从保护水土资源、防灾减灾和改善生态等三方面的水土保持功能价值评价结果可知，衡东县水土保持功能价值为 44.41 亿元，单位面积价值为 2.31 元/m²。其中保护水土资源价值为 24.57 亿元，占总价值的 55.32％；其次为改善生态和防灾减灾功能价值，分别占总价值的 31.48％和 13.20％，见表 8－7。

表 8－7　　　　　　　　衡东县水土保持功能价值

一级功能	二级功能	价值/亿元	所占比例/%	所占比例/%	单位面积价值/（元/m²）
保护水土资源	预防和减少土壤流失	10.85	44.16	55.32	1.28
	提高土壤质量和土地生产力	13.59	55.31		
	拦蓄地表径流、增加土壤入渗、提高水源涵养能力	0.13	0.53		
	小　计	24.57	100.00		
防灾减灾	减轻下游泥沙危害	5.86		13.20	0.30
	小　计	5.86			
改善生态	改善生物多样性	5.13	36.70	31.48	0.73
	固碳释氧	8.85	63.30		
	小　计	13.98	100.00		
合　计		44.41		100.00	2.31

8.3.7　湖南省隆回县

隆回县隶属于湖南省邵阳市，境内山、丘、岗、平地貌类型齐全，山地占 40.35％，丘陵占 25.29％。岗地占 18.565％，山原占 7.53％，平原占

5.64％，水域占 2.63％。县域属中亚热带季风湿润气候，气候温和，四季分明，雨量集中，前湿后干，且南北差异较大。年日均气温 11～17℃。年均无霜期为 281.2 天。年均降水量为 1427.5mm。境内河流分属资水水系和沅水水系。全县有流长 5km、流域面积 10km^2 以上的河流 71 条，总长 2073.5km，河网密度 0.77km/km^2。年均地表径流总量 22.47 亿 m^3，地下水年前储量 3.6～4.8 亿 m^3。累计治理水土流失面积 2250.26km^2。

1. 保护水土资源价值

（1）预防和减少土壤流失。2016 年度，隆回县地区各类措施共减少土壤流失量 1533.56 万 t，其中，林地减少 893.51 万 t，耕地减少 410.1 万 t，园地减少 149.97 万 t，草地减少 79.98 万 t。按照当地土壤经济效益为 45 元/m^3、土壤容重为 1.45g/cm^3，计算得出预防和减少土壤流失价值为 15.86 亿元。

（2）提高土壤质量和土地生产力。本次计算中，按照当地市场价格，分别计算土壤氮、磷、钾和有机质折纯后价值，得出提高土壤质量和土地生产力价值为 11.35 亿元。

（3）拦蓄地表径流、增加土壤入渗、提高水源涵养能力。各类措施拦蓄地表径流量为 64.68 万 m^3。根据当地水价，计算得出涵养水源价值为 0.022 亿元。

2. 防灾减灾价值

全县 2016 年度减少土壤流失量 1533.55 万 t，按 30％侵蚀量淤积河道计算，泥沙容重取 1.45g/cm^3，挖取和运输人工费按 46.62 元/m^3 河沙计，减少淤积总价值 4.76 亿元。

3. 改善生态价值

（1）改善生物多样性。Shannon–Wiener 指数多介于 2～3 之间，则物种多样性保育价值按 10000 元/(hm^2·a) 计算。2016 年，全县林地面积为 6.56 万 hm^2，生物多样性价值为 6.56 亿元。

（2）固碳释氧。参考瑞典碳税率为 1200 元/t，氧补偿价值 2148 元/t 进行计算。经过计算，固碳释氧价值为 12.87 万元。

4. 促进社会进步价值

水土保持可以改善区域土地利用结构、农村生产结构、基础设施、燃料等能源结构以及教育文化状况等方面，可以提高人均收入，特别是新增的水土保持经济林及经济作物。但由于目前还无法直接量化计算，未列入计算。

5. 水土保持功能价值总体评价

从保护水土资源、防灾减灾和改善生态等三方面的水土保持功能价值评价结果可知，隆回县水土保持功能价值为 51.42 亿元，单位面积价值为 1.80 元/m^2。其中保护水土资源价值为 27.23 亿元，占总价值的 52.96％；其次为改善生态和防灾减灾功能价值，分别占总价值的 37.78％和 9.26％，见表8-8。

表8-8 隆回县水土保持功能价值

一级功能	二级功能	价值/亿元	所占比例/%	所占比例/%	单位面积价值/(元/m²)
保护水土资源	预防和减少土壤流失	15.86	58.24	52.96	0.95
	提高土壤质量和土地生产力	11.35	41.68		
	拦蓄地表径流、增加土壤入渗、提高水源涵养能力	0.02	0.08		
	小　计	27.23	100.00		
防灾减灾	减轻下游泥沙危害	4.76		9.26	0.17
	小　计	4.76			
改善生态	改善生物多样性	6.56	33.75	37.78	0.68
	固碳释氧	12.87	66.25		
	小　计	19.43	100.00		
合　计		51.42		100.00	1.80

8.3.8　浙江省苍南县

苍南县位于浙江省的最南端，国土总面积为1261.08km²，苍南属中亚热带季风气候区。冬夏季风交替显著，四季分明，气候温和，年平均气温在14～18℃内，年均无霜期为208～288天，年均降水量为1670.1mm。水资源量比较充沛，主要靠大气降水补给。苍南县多年平均水资源总量为12.1716亿m³，水资源量为107.51万m³/km²，是全国平均产水量的4倍。按保证率85%～95%计算的干旱年，苍南县水资源总量仅有7.6417亿m³。累计治理水土流失面积978.8km²。

1. 保护水土资源价值

（1）预防和减少土壤流失。全县2016年度共减少土壤流失量172.76万t，其中，林地减少土壤侵蚀95.78万t，耕地减少64.54万t，园地减少2.55万t，草地减少9.9万t。按照当地土壤经济效益为45元/m³、土壤容重为1.45g/cm³，计算得出预防和减少土壤流失价值为4.47亿元。

（2）提高土壤质量和土地生产力。本次计算中，按照当地市场价格，分别计算土壤中氮、磷、钾、有机质折纯后价值，得出提高土壤质量和土地生产力价值为12.92亿元。

（3）拦蓄地表径流、增加土壤入渗、提高水源涵养能力。各类措施拦蓄地表径流量为64.68万m³。根据当地水价，计算得出涵养水源价值为1.47亿元。

2. 防灾减灾价值

2016 年苍南县减少土壤流失量 172.76 万 t，按 30% 的侵蚀量淤积河道计算，泥沙容重取 1.45g/cm³，挖取和运输的人工费按 50.74 元/m³ 河沙计算，减少淤积总价值为 5.36 亿元。

3. 改善生态价值

（1）改善生物多样性。Shannon - Wiener 指数多介于 2～3 之间，则物种多样性保育价值按 10000 元/（hm²·a）计。2016 年，全县林地面积为 27.13 万 hm²，生物多样性价值为 27.13 亿元。

（2）固碳释氧。参考瑞典碳税率和氧价值，计算得出固碳释氧价值为 46.80 亿元。

4. 促进社会进步价值

水土保持可以改善区域土地利用结构、农村生产结构、基础设施、燃料等能源结构以及教育文化状况等方面，可以提高人均收入，特别是新增的水土保持经济林及经济作物。但由于目前还无法直接量化计算，未列入计算。

5. 水土保持功能价值总体评价

从保护水土资源、防灾减灾和改善生态等三方面的水土保持功能价值评价结果可知，苍南县水土保持功能价值为 98.15 亿元，单位面积价值为 7.78 元/m²。其中改善生态价值为 73.93 亿元，占总价值的 75.33%；其次为保护水土资源和防灾减灾功能价值，分别占总价值的 19.21% 和 5.46%，见表 8-9。

表 8-9　　　　　　　　　　　苍南县水土保持功能价值

一级功能	二级功能	价值/亿元	所占比例/%	所占比例/%	单位面积价值/（元/m²）
保护水土资源	预防和减少土壤流失	4.47	23.70	19.21	1.49
	提高土壤质量和土地生产力	12.92	68.52		
	拦蓄地表径流、增加土壤入渗、提高水源涵养能力	1.47	7.78		
	小　计	18.86	100.00		
防灾减灾	减轻下游泥沙危害	5.36		5.46	0.43
	小　计	5.36			
改善生态	改善生物多样性	27.13	36.70	75.33	5.86
	固碳释氧	46.80	63.30		
	小　计	73.93	100.00		
合　计		98.15		100.00	7.78

8.4 区域水土保持功能价值

依据目前可获取的参数指标计算，本研究仅考虑保护水土资源、防灾减灾和改善生态等三方面的水土保持功能价值进行评价，结果表明，2016 年南方红壤区水土保持功能价值为 52959.88 亿元，单位面积价值为 5.44 元/m²，见表 8-10。

表 8-10　　　　　南方红壤区 2016 年度水土保持功能价值

一级功能	二 级 功 能	价值/亿元	所占比例/%	所占比例/%	单位面积价值/(元/m²)
保护水土资源	预防和减少土壤流失	7641.96	39.05	36.96	2.01
	提高土壤质量和土地生产力	6577.10	33.60		
	拦蓄地表径流、增加土壤入渗、提高水源涵养能力	5353.68	27.35		
	小　计	19572.74	100		
防灾减灾	减轻下游泥沙危害	8542.74		16.13	0.88
	小　计	8542.74			
改善生态	改善生物多样性	11018.49	44.35	46.91	2.55
	固碳释氧	13825.91	55.65		
	小　计	24844.40	100.00		
合　计		52959.88		100.00	5.44

第 9 章

西南紫色土区水土保持功能价值

9.1 区域自然环境与经济社会概况

9.1.1 自然环境概况

西南紫色土区位于秦岭以南、青藏高原以东、云贵高原以北、武陵山以西，主要分布有横断山脉、四川盆地等，包括重庆、四川、甘肃、河南、湖北、陕西和湖南 7 省（直辖市）共 256 个县（市、区），国土总面积约 51 万 km²。该区位于我国第二级地势阶梯，由四面环山的盆地及其周边的山地丘陵组成，地势表现出四周高中间低、西北高东南低的特点。地形起伏较大，海拔 300.00～2500.00m，地貌类型多样，区内山地、丘陵、谷地和平原相间分布。属亚热带季风型大陆气候，干旱、暴雨、洪涝等气象灾害发生频率高、范围大，不小于 10℃ 积温 4000～6000℃，年平均气温 18℃ 以上，无霜期 230～340 天，该区降水量充沛，西北山地年降水量 500～900mm，西南山地年降水量 900～1200mm，盆地年降水量 1000～1200mm。全区江河纵横交错、河网密布，主要河流有长江、嘉陵江、金沙江、岷江、汉江、乌江、涪江、澧水等，径流量较大，补给类型以降雨为主，有夏汛期、无结冰期，河川年均径流总量 2323 亿 m³。该区紫色土是在三叠系、侏罗系、白垩系等紫色砂、页岩上形成的，其成土母质主要是紫色砂、页岩的残积物、坡积物以及古风化壳等，土壤发育浅，有明显的富铝化和黄化过程，自然肥力较高，富含钾、磷、钙、镁、铁等元素，但黏性重、酸性强。除紫色土外，还有黄棕壤、黄壤、红壤等分布。四川盆地地带性植被是亚热带常绿阔叶林，代表树种有栲树、峨眉栲、青冈、刺果米槠、曼青冈、包石栎、华木荷、大包木荷、四川大头茶、桢楠、润楠等，海拔一般在 1800.00m 以下。其次有马尾松、杉木、柏木等组成的亚热带针叶林及竹林。边缘山地从下而上是常绿阔叶林、常绿阔叶与落叶混交林；寒温带山地则为针叶林，局部有亚高山灌丛草甸。四川盆地周围的山地丘陵区，分布有亚热带常绿阔叶林、亚热带常绿针叶林、亚热带竹林、亚高山常绿针叶林、亚热带山地常绿阔叶林与落叶阔叶混交林。

9.1.2 社会经济状况

西南紫色土区总人口 14745.23 万人，占全国总人口的 11.00%，其中，农业人口 7772.11 万人，占该区人口总数的 52.71%，农业劳动力 5728.94 万人，人口密度 289 人/km²。区内人口主要集中在四川盆地，人口密度达到 600 人/km²。地区生产总值 36352.95 亿元，占全国国内生产总值的 6.97%。其中，农业总产值 5893.67 亿元，占地区生产总值的 16.21%。农业人均年纯收入 3994 元。该区土地利用以林地和耕地为主，其中，林地面积 2938.36 万 hm²，耕地面积 1137.76 万 hm²，园地 139.46 万 hm²，草地 212.43 万 hm²，其他利用类型土地面积为 656.61 万 hm²。该区坡耕地分布广泛，大于 5°坡耕地面积为 622.10 万 hm²，占区域耕地面积的 54.68%；大于 15°坡耕地面积为 368.40 万 hm²，占区域耕地面积的 32.38%。

9.1.3 水土流失概况

西南紫色土区水土流失以轻中度水力侵蚀为主，水土流失总面积为 16.17 万 km²，占国土总面积的 31.77%，其中，水力侵蚀 16.06 万 km²，占水土流失总面积的 99.32%，是该区最主要的土壤侵蚀类型，分布非常广泛，主要集中在四川盆地丘陵区、秦巴山地和邛崃山～岷山地区；冻融侵蚀 0.11 万 km²，占水土流失总面积的 0.68%。

9.2 计算参数

本节研究物质量测算数据主要来源于国家统计年鉴、全国水土保持公报、典型县监测数据、2016—2017 年国民经济和社会发展统计公报以及相关文献资料。价值量基础数据来源于当地市场调查，见表 9-1。

表 9-1 西南紫色土区主要计算参数取值及依据

参数名称 \ 典型县		秭归县	永顺县	南部县	依据说明
土地年均收益/(元/hm²)	耕地	84800	78500	56200	2016 年各县国民经济和社会发展统计公报、统计年鉴
	林地	5000	5000	5000	
	草地	15000	15000	15000	

续表

参数名称＼典型县		秭归县	永顺县	南部县	依 据 说 明
化肥价格/(元/t)	氮肥	12500	15000	14445	2016 年化肥市场价格（折纯价）
	磷肥	14000	20000	19734	
	钾肥	14000	20000	19734	
	有机质	4500	4500	4500	
土壤养分含量/(g/kg)	氮	0.30	1.60	1.80	全国第二次土壤普查数据
	速效磷	0.31	0.48	0.01	
	速效钾	15.00	20.20	0.09	
	有机质	10.50	33.00	47.70	
水价/(元/m³)		3.84	4.19	6.46	2016 年各县生活用水阶梯价格
清淤价格/(元/m³)		63.20	79.67	34.24	调查数据（各县水库工程投资规模推算）
土壤容重/(g/cm³)		1.35	1.35	1.35	调查数据
物种保育价值/[元/(hm²·a)]		20000	10000	10000	《森林生态系统服务功能评估规范》（LY/T 1721—2008）
碳税率/(元/t)		1200	1200	1200	参照瑞典数据
氧气价格/(元/t)		2148	2148	2148	参照瑞典数据

9.3 典型县水土保持功能价值

9.3.1 湖北省秭归县

秭归县隶属湖北省宜昌市，属于秦巴山山地区，位于湖北省西部。东西最大横距离 66.1km，南北最大纵距离 60.6km。秭归地势西南高东北低，东段为黄陵背斜，西段为秭归向斜，属长江三峡山地地貌。长江由西向东将县境分为南、北两部分，江北北高南低，江南南高北低，呈盆地地形。由于长江水系，地面切割较深，大片平地少，多为分散河谷阶地，槽冲小坝，梯田坡地。属亚热带大陆季风气候。海拔 600.00m 以下地区，温热冬暖；600～1200m 地带，温和湿润，冬冷夏凉；1200m 以上地区，冬寒无夏具有典型的山区气候特征。据最新土地更新调查，国土总面积 2274km²。其中，耕地 295km²，园地 242km²，林地 1487km²。耕地复种指数为 231%。利用类型复杂多样，且分布不均匀。秭归县农用地面积 2087km²，占国土总面积的 91.78%，其中林地占农用地的 71.25%。

1. 保护水土资源价值

(1) 预防和减少土壤流失。2016年，秭归县的水土保持措施共减少土壤侵蚀量为40.63万t。其中，耕地、林地和草地分别减少11.85万t、27.51万t、1.27万t。按耕地、林地和草地经济效益分别测算，得出保土价值为0.029亿元。

(2) 提高土壤质量和土地生产力。2016年秭归县减少土壤流失量40.63万t，根据当地市场价格折算土壤氮、磷、钾、有机质价值分别为152.36万元、176.34万元、8532.42万元和1919.80万元，共计1.08亿元。

(3) 拦蓄地表径流、增加土壤入渗、提高水源涵养能力。2016年全县共减少径流量2095.21万m^3，其中，耕地、林地和草地分别减少511.27万m^3、1490.35万m^3、93.59万m^3，保水价值0.80亿元。森林、草地生态系统涵养水源量分别为2.39亿m^3、1099.64万m^3。水价取3.84元/m^3，保水价值9.61亿元。拦蓄地表径流、增加土壤入渗、提高水源涵养能力价值共计10.41亿元。

2. 防灾减灾价值

2016年，秭归县减少土壤流失量40.63万t，按24%的侵蚀量淤积河道计算，泥沙容重取1.35g/cm^3，人工清淤费用按63.20元/m^3计算，减少下游泥沙危害总价值为0.046亿元。

3. 改善生态价值

(1) 改善生物多样性。Shannon-Wiener指数介于3～4之间，则物种多样性保育价值按2.0万元/(hm^2·a)计算。全县林地面积为148.37km^2，生物多样性价值为2.97亿元。

(2) 固碳释氧。参考瑞典碳税率和氧价值进行计算。2016年，秭归县固碳释氧价值为4.61亿元，固碳价值为0.79亿元，释氧价值为3.82亿元。

4. 促进社会进步价值

水土保持可以改善区域土地利用结构、农村生产结构、基础设施、燃料等能源结构以及教育文化状况等方面，可以提高人均收入，特别是新增的水土保持经济林及经济作物。但由于目前还无法直接量化计算，未列入计算。

5. 水土保持功能价值总体评价

从保护水土资源、防灾减灾和改善生态等三方面的水土保持功能价值评价结果可知，2016年秭归县水土保持功能价值为19.15亿元，单位面积价值为8.81元/m^2。其中，保护水土资源价值为11.52亿元，占总体价值的60.16%；改善生态和防灾减灾功能价值分别占总体价值的39.60%和0.24%，见表9-2。

表9-2 秭归县水土保持功能价值

一级功能	二 级 功 能	价值/亿元	所占比例/%	所占比例/%	单位面积价值/(元/m²)
保护水土资源	预防和减少土壤流失	0.029	0.25	60.16	5.30
	提高土壤质量和土地生产力	1.08	9.36		
	拦蓄地表径流、增加土壤入渗、提高水源涵养能力	10.41	90.39		
	小　计	11.52	100.00		
防灾减灾	减轻下游泥沙危害	0.046		0.24	0.02
	小　计	0.046			
改善生态	改善生物多样性	2.97	39.14	39.60	3.49
	固碳释氧	4.61	60.86		
	小　计	7.58	100.00		
合　计		19.15		100.00	8.81

9.3.2　湖南省永顺县

永顺县为湖南省湘西土家族苗族自治州代管县，属于武陵山山地丘陵区，位于自治州北部。国土总面积3810.63km²，辖30个乡镇、327个行政村。2016年，永顺县总人口53.82万人，常住人口44.85万人。永顺县地处中西部结合地带的武陵山脉中段，境内地貌以山地、丘岗为主，最高海拔1437.90m，最低海拔162.60m。属亚热带季风性湿润气候，热量充足，雨量充沛，年平均气温16.4℃，平均降水量1357mm，平均日照1306h，无霜期286天。永顺县是中国东部丘陵山地常绿阔叶林向西部高山高原暗针叶林转变的过渡带，为云贵高原、鄂西山地黄壤岩溶山原的东缘。截至2013年，永顺县有林地面积21.2万hm²，其中天然林8.1万hm²，活立木蓄积量526万m³，年产作物秸秆18万t，退耕还林3.60万hm²，是全国退耕还林面积最大的县，森林覆盖率达70.2%，是全省22个重点林业县之一。境内有天然草场14.93万hm²。

1. 保护水土资源价值

（1）预防和减少土壤流失。2016年全县减少土壤流失量1961.73万t，其中，耕地、林地和草地分别减少426.13万t、1482.15万t、53.44万t。按耕地、林地、草地经济效益分别测算，得出保土价值1.03亿元。

（2）提高土壤质量和土地生产力。根据当地实际化肥价格折算的氮、磷、钾、有机质的折纯价，2016年永顺县减少土壤侵蚀总量为1961.73万t，氮、磷、钾和有机质价值分别为47081.49万元、18832.60万元、792538.49万元、291316.75 万元，共计 114.98 亿元。

（3）拦蓄地表径流、增加土壤入渗、提高水源涵养能力。2016 年全县共减少径流量 8810.63 万 m^3，其中，耕地、林地和草地分别减少 9.9 万 m^3、26.91 万 m^3、1.39 万 m^3，森林、草地生态系统涵养水源量分别为 35887.61 万 m^3、1557.95 万 m^3。根据当地水价，计算得出保水价值 3.69 亿元、涵养水源价值 15.69 亿元。拦蓄地表径流、增加土壤入渗、提高水源涵养能力价值共计 19.38 亿元。

2. 防灾减灾价值

2016 年，永顺县减少土壤流失量 1961.73 万 t，按 24％的侵蚀量淤积河道计算，泥沙容重取 1.35g/cm^3，人工清淤费用按 79.67 元/m^3 计算，减少下游泥沙危害总价值为 2.77 亿元。

3. 改善生态价值

（1）改善生物多样性。Shannon－Wiener 指数介于 2～3 之间，物种多样性保育价值按 10000 元/（hm^2 · a）计算。2016 年，永顺县林地面积为 26.91 万 hm^2，生物多样性价值为 26.91 亿元。

（2）固碳释氧。参考瑞典碳税率和氧补偿价值，2016 年全县固碳释氧价值为 83.77 亿元，其中，固碳价值为 144797.43 万元，释氧价值为 692868.87 万元。

4. 促进社会进步价值

水土保持可以改善区域土地利用结构、农村生产结构、基础设施、燃料等能源结构以及教育文化状况等方面，可以提高人均收入，特别是新增的水土保持经济林及经济作物。但由于目前还无法直接量化计算，未列入计算。

5. 水土保持功能价值总体评价

从保护水土资源、防灾减灾和改善生态等三方面的水土保持功能价值评价结果可知，2016 年永顺县水土保持功能价值为 248.84 亿元，单位面积价值为 6.51 元/m^2。其中，保护水土资源价值为 135.39 亿元，占总体价值的 54.83％；改善生态和防灾减灾功能价值分别占总体价值的 44.83％ 和 0.34％，见表 9－3。

9.3.3　四川省南部县

南部县为四川省南充市市辖县，属于川渝山地丘陵区，位于四川盆地北部、嘉陵江中游。全县国土面积 2235km^2，耕地 607km^2。县境内丘陵起伏，西北高、东南低。县内最高点为西北端西河乡的龙尾山，主峰海拔 826.00m；最低点是东南端王家镇境内西河与嘉陵江的汇合口，海拔 298.00m。南部地

表 9 - 3　　　　　　　　　　　　永顺县水土保持功能价值

一级功能	二级功能	价值/亿元	所占比例/%	所占比例/%	单位面积价值/（元/m²）
保护水土资源	预防和减少土壤流失	1.03	0.76	54.83	3.54
	提高土壤质量和土地生产力	114.98	84.92		
	拦蓄地表径流、增加土壤入渗、提高水源涵养能力	19.38	14.32		
	小　计	135.39	100.00		
防灾减灾	减轻下游泥沙危害	2.77		0.34	0.02
	小　计	2.77			
改善生态	改善生物多样性	26.91	24.32	44.83	2.90
	固碳释氧	83.77	75.68		
	小　计	110.68	100.00		
合　计		248.84		100.00	6.51

貌因受水系切割，多呈条树枝状山形。县境地貌类型可划分为平坝、台地、低丘、高丘、低山、水域 6 个基本类型。南部县属于中亚热带湿润季风气候区。由于秦岭、大巴山脉形成天然屏障，北方冷空气不易入境。所以境内气候温和，冬无严寒，夏无酷暑。但四季分明，季风显著，雨量充沛，日照偏少，但四季分明。南部县耕地中，重庆原中性紫色土占 80.30%，老冲积黄泥土占 11.47%，新冲积砂土占 8.03%。肥力为甲等土占 20%，乙等土占 30%，丙等土占 30%，丁等土占 20%。土壤 pH 值，中性占 92.64%，微酸性占 7.36%。全县土壤有 4 个土类，6 个亚类，13 个土属，54 个土种。

1. 保护水土资源价值

（1）预防和减少土壤流失。2016 年全县共减少土壤流失量 70.11 万 t。其中，耕地、林地、草地分别减少 3.81 万 t、0.93 万 t、0.17 万 t。按耕地、林地和草地经济效益分别测算，得出保土价值 0.078 亿元。

（2）提高土壤质量和土地生产力。2016 年南部县减少土壤侵蚀总量为 70.11 万 t，根据当地市场价格，氮、磷、钾、有机质价值分别为 1822.21 万元、6.92 万元、124.51 万元、15048.66 万元，共实现保肥价值 1.70 亿元。

（3）拦蓄地表径流、增加土壤入渗、提高水源涵养能力。2016 年全县共减少径流量 718.88 万 m³，其中，耕地、林地、草地分别减少 556.80 万 m³、136.18 万 m³、25.9 万 m³，森林、草地生态系统涵养水源量分别为 2696.33 万 m³、495.82 万 m³。测算得出保水价值 0.47 亿元，涵养水源价值 2.06 亿元。拦蓄地表径流、增加土壤入渗、提高水源涵养能力价值共计 2.53 亿元。

2. 防灾减灾价值

2016 年，南部县减少土壤流失量 70.11 万 t，按 24% 的侵蚀量淤积河道计算，泥沙容重取 1.35g/cm³，人工清淤费用按 34.24 元/m³ 计算，减少下游泥沙危害总价值为 0.043 亿元。

3. 改善生态价值

（1）改善生物多样性。Shannon-Wiener 指数介于 2～3 之间，则物种多样性保育价值按 10000 元/(hm²·a) 计。2016 年，南部县林地面积为 3.80 万 hm²，生物多样性价值为 0.38 亿元。

（2）固碳释氧。参考瑞典碳税率和氧补偿价值，2016 年南部县固碳释氧价值为 1.20 亿元，其中固碳价值为 0.21 亿元，释氧价值为 0.99 亿元。

4. 促进社会进步价值

水土保持可以改善区域土地利用结构、农村生产结构、基础设施、燃料等能源结构以及教育文化状况等方面，可以提高人均收入，特别是新增的水土保持经济林及经济作物。但由于目前还无法直接量化计算，未列入计算。

5. 水土保持功能价值总体评价

从保护水土资源、防灾减灾和改善生态等三方面的水土保持功能价值评价结果可知，2016 年南部县水土保持功能价值为 5.938 亿元，单位面积价值为 2.81 元/m²。其中，保护水土资源价值为 4.308 亿元，占总体价值的 72.57%；改善生态和防灾减灾功能价值分别占总体价值的 26.71% 和 0.72%，见表 9-4。

表 9-4　　　　　　　南部县水土保持功能价值

一级功能	二级功能	价值/亿元	所占比例/%	所占比例/%	单位面积价值/(元/m²)
保护水土资源	预防和减少土壤流失	0.078	1.81	72.57	2.04
	提高土壤质量和土地生产力	1.700	39.50		
	拦蓄地表径流、增加土壤入渗、提高水源涵养能力	2.530	58.69		
	小　计	4.308	100.00		
防灾减灾	减轻下游泥沙危害	0.002		0.72	0.02
	小　计	0.002			
改善生态	改善生物多样性	0.380	23.98	26.71	0.75
	固碳释氧	1.200	76.02		
	小　计	1.580	100.00		
合　计		5.938		100.00	2.81

9.4 区域水土保持功能价值

依据目前可获取的参数指标计算，本研究仅考虑保护水土资源、防灾减灾和改善生态等三方面的水土保持功能价值进行评估。结果表明，2016 年度西南紫色土区水土保持功能价值为 27491.76 亿元，单位面积水土保持功能价值为 6.21 元/m²，见表 9-5。

表 9-5　　　　西南紫色土区 2016 年度水土保持功能价值

一级功能	二 级 功 能	价值/亿元	所占比例/%	所占比例/%	单位面积价值/(元/m²)
保护水土资源	预防和减少土壤流失	107.01	0.63	61.32	3.81
	提高土壤质量和土地生产力	4439.22	26.33		
	拦蓄地表径流、增加土壤入渗、提高水源涵养能力	12311.28	73.03		
	小　计	16857.51	100.00		
防灾减灾	减轻下游泥沙危害	127.31		0.46	0.03
	小　计	127.31			
改善生态	改善生物多样性	3628.51	34.53	38.22	2.37
	固碳释氧	6878.43	65.47		
	小　计	10506.94	100.00		
合　计		27491.76		100.00	6.21

第 10 章

西南岩溶区水土保持功能价值

10.1 区域自然环境与经济社会概况

10.1.1 自然环境概况

西南岩溶区位于四川盆地以南、横断山脉以东，雪峰山及桂西以西广大地区，主要分布有横断山山地、云贵高原、桂西山地丘陵等，包括四川、云南、贵州和广西 4 省（自治区）共 274 个县（市、区），国土总面积约 70 万km²。该区位于我国第二级地势阶梯，属于云贵高原及其向广西、湖北、重庆、四川的过渡地带，呈西高东低趋势，地形以中山、高山地为主，海拔800.00~3000.00m，地貌类型多样，主要有峰丛洼地、峰林平原、断陷盆地、岩溶槽谷、岩溶高原、岩溶峡谷、中高山等。属中亚热带季风气候，年平均气温由西北到东南依次由 7.5~10℃ 递升到 20~22.5℃，而年平均降水量则依次由 7502~1000mm 递升到 2000~2500mm。同时，岩溶区年平均气温、年平均降水量具有明显的山地垂直气候特征，降水的年内、年际间变化大，导致干旱和内涝频繁发生。长期岩溶作用形成了地表、地下双层岩溶水文地质结构，存在较大的地下空间和排水网，地表水系不发育或发育不完整，多有岩溶漏斗、洼地、落水洞、竖井等岩溶地貌。该区土壤类型共有 16 个土类，地带性土壤为红壤，红壤约占区域土地面积的 50%，在南部分布有砖红壤、赤红壤，东部分布有黄壤，中南部海拔 2500.00m 以上地带分布有黄棕壤，北部海拔 3000.00m 以上地带主要为棕壤、暗棕壤，中西部有较大面积紫色土，云南东部石灰岩地区还有黑色石灰土分布。该区土壤富钙、偏碱性，有效营养元素不足，土壤质地较为黏重，土壤有效水分含量偏低。岩溶区的土层厚度一般在 40cm 以下。该区植被类型多，生物多样性指数高，分布有亚热带常绿阔叶林、沟谷季雨林、山地季雨林、寒温性亚高山针叶林、暖性针叶林等。植被类型镶嵌分布，组合结构复杂多样，具有旱生性、石生性和喜钙性的特点，主要植被有栲类、木荷类、云南松、滇青冈、思茅松等。

10.1.2　社会经济状况

西南岩溶区总人口 10912.89 万人，占全国总人口的 8.14%，其中，农业人口 6444.54 万人，占该区人口总数的 59.05%，农业劳动力 4750.37 万人，人口密度 156 人/km²。人口集中分布在土层相对较厚，水土资源条件较好的桂东北峰林平原、黔中北高原和岩溶槽谷以及云南东部断陷盆地。地区生产总值 20691.97 亿元，占全国国内生产总值的 3.97%。其中，农业总产值 4223.04 亿元，占地区生产总值的 20.41%。农业人均年纯收入 4002 元。该区土地利用以林地和耕地为主，其中，林地 3963.60 万 hm²，耕地 1327.84 万 hm²，草地 599.73 万 hm²，园地 232.50 万 hm²，其他利用类型土地面积 851.33 万 hm²。

10.1.3　水土流失概况

西南岩溶区水土流失以轻度、中度水力侵蚀为主，水土流失总面积为 20.44 万 km²，占国土总面积的 29.31%，其中，水力侵蚀 16.85 万 km²，占水土流失总面积的 82.44%，是该区最主要的土壤侵蚀类型，分布非常广泛，而四川南部及云南北部的金沙江流域、贵州北部山地区、南北盘江及右江上游地区、云南南部的澜沧江地区是水土流失较为严重的区域；冻融侵蚀 3.59 万 km²，占水土流失总面积的 17.56%。

10.2　计算参数

本节研究物质量测算数据主要来源于国家统计年鉴、全国水土保持公报、典型县监测数据、2016—2017 年国民经济和社会发展统计公报以及相关文献资料。价值量基础数据来源于当地市场调查，见表 10-1。

表 10-1　　　　　西南岩溶区主要计算参数取值及依据

参数名称 \ 典型县		关岭县	遵义县	盐边县	双柏县	依　据　说　明
土地年均收益 /（元/hm²）	耕地	34500	34500	56200	61500	2016 年各县国民经济和社会发展统计公报、统计年鉴
	林地	1600	5000	5000	5000	
	草地	15000	1000	15000	15000	

续表

参数名称	典型县	关岭县	遵义县	盐边县	双柏县	依 据 说 明
化肥价格 /（元/t）	氮肥	13000	13000	14445	17000	2016 年化肥市场价格（折纯价）
	磷肥	26667	26667	19334	19334	
	钾肥	26667	26667	19334	19334	
	有机质	4500	4500	4500	4500	
土壤养分含量 /（g/kg）	氮	2.70	2.51	1.60	1.40	全国第二次土壤普查数据
	速效磷	0.01	0.01	0.32	0.01	
	速效钾	0.18	0.12	0.09	0.18	
	有机质	47.30	49.70	44.70	28.00	
水价/（元/m³）		4.64	6.46	6.46	4.85	2016 年各县生活用水阶梯价格
清淤价格/（元/m³）		50.31	63.88	58.15	31.02	调查数据（各县水库工程投资规模推算）
土壤容重/（g/cm³）		1.35	1.35	1.35	1.35	调查数据
物种保育价值 /[元/（hm²·a）]		10000	10000	10000	20000	《森林生态系统服务功能评估规范》（LY/T 1721—2008）
碳税率/（元/t）		1200	1200	1200	1200	参照瑞典数据
氧气价格/（元/t）		2148	2148	2148	2148	参照瑞典数据

10.3　典型县水土保持功能价值

10.3.1　贵州省关岭县

关岭布依族苗族自治县，属于滇黔桂山地丘陵区，位于贵州省中部，隶属安顺市，坐落于云贵高原东部脊状斜坡南侧向广西丘陵倾斜的斜坡地带。国土总面积 1468km²，总人口 323092 人（2013 年），其中少数民族人口 197571 人。居住有布依、苗、汉、仡佬、彝等 22 个民族。地势西北高、东南低，最高点位于永宁的旧屋基大坡海拔 1850.00m，最低点在打帮河注入北盘江的三江口处，海拔 370m。大部分地区海拔 800.00～1500.00m。境内山脉属乌蒙山系，山体多起伏绵延。地貌具有高低起伏大、类型复杂多样的特征，碳酸盐岩分布广泛。岩溶发育，形成岩溶地貌与常态地貌交错分布，地貌形态千姿百态，为典型的喀斯特山区。关岭境内气候呈立体状，跨越南温带、北亚热带、中亚热带，主要以中亚热带季风湿润气候为主，四季分明，热量充足，水热同季。境内 12.50% 的低热河谷地区有"天然温室"之称。累计年平均气温为 16.2℃，年平均最高气温为 16.9℃，最低气温 15.4℃，雨量充沛，年降水量 1205.10～1656.80mm。

1. 保护水土资源价值

（1）预防和减少土壤流失。2016 年，关岭县各类措施共减少土壤流失量 14.33 万 t。其中，耕地、林地和草地分别减少 2.22 万 t、5.12 万 t、3.27 万 t，保土价值 0.0055 亿元。

（2）提高土壤质量和土地生产力。2016 年关岭县减少土壤流失量为 14.33 万 t，根据当地市场化肥价格测算折纯后氮、磷、钾、有机质价值分别为 503.07 万元、2.1 万元、66.89 万元、3050.68 万元，共实现保肥价值 0.36 亿元。

（3）拦蓄地表径流、增加土壤入渗、提高水源涵养能力。2016 年关岭县各类水土保持措施共减少径流量 11262.66 万 m^3，其中，耕地、林地、草地分别减少 2574.13 万 m^3、4988.52 万 m^3、3700 万 m^3，实现保水价值 5.23 亿元。森林和草地生态系统涵养水源量分别为 61109.42 万 m^3、59200.01 万 m^3，共实现保水价值 55.82 亿元。拦蓄地表径流、增加土壤入渗、提高水源涵养能力价值共计 61.05 亿元。

2. 防灾减灾价值

2016 年，关岭县减少土壤流失量 14.33 万 t，按 24％的侵蚀量淤积河道计算，泥沙容重取 1.35g/cm^3，人工清淤费用按 50.31 元/m^3 计算，减少下游泥沙危害总价值为 128.19 万元。

3. 改善生态价值

（1）改善生物多样性。Shannon - Wiener 指数介于 2～3 之间，则物种多样性保育价值按 10000 元/(hm^2·a) 计。2016 年关岭县林地面积为 5.17 万 hm^2，生物多样性价值为 5.17 亿元。

（2）固碳释氧。参考瑞典碳税率和氧补偿价值，2016 年全县固碳释氧价值为 18.19 亿元，固碳价值为 31475.22 万元，释氧价值为 150463.25 万元。

4. 促进社会进步价值

水土保持可以改善区域土地利用结构、农村生产结构、基础设施、燃料等能源结构以及教育文化状况等方面，可以提高人均收入，特别是新增的水土保持经济林及经济作物。但由于目前还无法直接量化计算，未列入计算。

5. 水土保持功能价值总体评价

从保护水土资源、防灾减灾和改善生态等三方面的水土保持功能价值评价结果可知，2016 年关岭县水土保持功能价值为 84.79 亿元，单位面积价值为 5.84 元/m^2。其中，保护水土资源价值为 61.42 亿元，占总体价值的 72.43％；改善生态和防灾减灾功能价值分别占总体价值的 27.55％ 和

0.02%，见表 10 - 2。

表 10 - 2　　　　　　　　　　关岭县水土保持功能价值

一级功能	二级功能	价值/亿元	所占比例/%	所占比例/%	单位面积价值/(元/m²)
保护水土资源	预防和减少土壤流失	0.0055	0.009	72.43	4.22
	提高土壤质量和土地生产力	0.36	0.59		
	拦蓄地表径流、增加土壤入渗、提高水源涵养能力	61.05	99.40		
	小　计	61.42	100.00		
防灾减灾	减轻下游泥沙危害	0.013		0.02	0.001
	小　计	0.013			
改善生态	改善生物多样性	5.17	22.13	27.55	1.61
	固碳释氧	18.19	77.87		
	小　计	23.36	100.00		
合　计		84.79		100.00	5.84

10.3.2　贵州省遵义县

遵义县位于贵州省北部，属于滇黔桂山地丘陵区。市域东西绵延247.50km，南北相距 232.50km。全市辖 3 个区、9 个县、2 个县级市，遵义县国土面积 30780.73km²，占比贵州省国土面积的 17.46%。遵义县处于云贵高原向湖南丘陵和四川盆地过渡的斜坡地带，地形起伏大，地貌类型复杂。海拔 800.00～1300.00m，在全国地势第二级阶梯上。遵义县平坝及河谷盆地面积占 6.57%，丘陵占 28.35%，山地占 65.08%。遵义县地貌类型，根据成因可分成三大类，即熔蚀地貌区、熔蚀构造地貌区和侵蚀地貌区。其中以溶蚀和熔蚀构造地貌（岩溶地貌）分布最广，约占遵义县国土面积的 75%。属亚热带季风气候，终年温凉湿润，冬无严寒，夏无酷暑，雨量充沛，日照充足。

1. 保护水土资源价值

（1）预防和减少土壤流失。2016 年全县共减少土壤流失量 7.10 万 t。其中，耕地、林地、草地分别减少 2.71 万 t、4.10 万 t、0.29 万 t。按耕地、林地和草地经济效益分别测算，得出保土价值 0.003 亿元，其中耕地保土价值 23.11 万元，林地保土价值 5.06 万元，草地保土价值 1.06 万元。

（2）提高土壤质量和土地生产力。2016 年遵义县减少土壤流失量 7.10 万 t，根据当地市场价格折算氮、磷、钾、有机质价值分别为 231.72 万元、1.89

万元、23.48 万元和 1588.22 万元，共计 0.18 亿元。

（3）拦蓄地表径流、增加土壤入渗、提高水源涵养能力。2016 年全县共减少径流量 2713.62 万 m^3，其中，耕地、林地和草地分别减少 1135.21 万 m^3、1518.69 万 m^3、59.72 万 m^3，按当地水价，共计 1.75 亿元。森林、草地生态系统涵养水源量分别为 150350.79 万 m^3、7389.83 万 m^3，涵养水源价值为 101.90 亿元。拦蓄地表径流、增加土壤入渗、提高水源涵养能力价值共计 103.65 亿元。

2. 防灾减灾价值

2016 年遵义县减少土壤流失量 7.10 万 t，按 24% 的侵蚀量淤积河道计算，泥沙容重取 1.35g/cm^3，人工清淤费用按 63.88 元/m^3 计算，减少下游泥沙危害总价值为 0.008 亿元。

3. 改善生态价值

（1）改善生物多样性。Shannon－Wiener 指数介于 2～3 之间，物种多样性保育价值按 10000 元/(hm^2·a) 计。2016 年，遵义县林地面积为 15.78 万 hm^2，生物多样性价值为 15.78 亿元。

（2）固碳释氧。参考瑞典碳税率和氧补偿价值。2016 年，遵义县固碳释氧价值为 49.09 亿元，其中固碳价值为 84857.97 万元，释氧价值为 406054.28 万元。

4. 促进社会进步价值

水土保持可以改善区域土地利用结构、农村生产结构、基础设施、燃料等能源结构以及教育文化状况等方面，可以提高人均收入，特别是新增的水土保持经济林及经济作物。但由于目前还无法直接量化计算，未列入计算。

5. 水土保持功能价值总体评价

从保护水土资源、防灾减灾和改善生态等三方面的水土保持功能价值评价结果可知，2016 年遵义县水土保持功能价值为 168.711 亿元，单位面积服务价值为 5.95 元/m^2。其中，保护水土资源价值为 103.833 亿元，占总体价值的 61.545%；改善生态和防灾减灾功能价值分别占总体价值的 38.450% 和 0.005%，见表 10－3。

10.3.3 四川省盐边县

盐边县隶属四川省攀枝花市，属于滇北及川西南高山峡谷区。盐边县国土面积 3269km^2，占全市国土总面积的 44.90%。全县有彝、傈僳、苗、回、纳西、傣等 24 个少数民族，人口 5.18 万人，占全县总人口的 25.60%。地貌属深切割侵蚀剥蚀中山类型，地势走向既有南北向也有东西向，但以东西向

表 10-3　　　　　　　　遵义县水土保持功能价值

一级功能	二级功能	价值/亿元	所占比例/%	所占比例/%	单位面积价值/(元/m²)
保护水土资源	预防和减少土壤流失	0.003	0.003	61.545	3.66
	提高土壤质量和土地生产力	0.180	0.18		
	拦蓄地表径流、增加土壤入渗、提高水源涵养能力	103.650	99.82		
	小　计	103.833	100.00		
防灾减灾	减轻下游泥沙危害	0.008		0.005	0.0003
	小　计	0.008			
改善生态	改善生物多样性	15.780	24.32	38.450	2.29
	固碳释氧	49.090	75.68		
	小　计	64.870	100.00		
合　计		168.711		100.00	5.95

为主。地势崎岖，山高坡陡，山地坡度多在 26°～40°之间，山顶往往有数级丘状起伏的剥蚀面，平地很少，大都以宽谷和河谷小盆地形态分布于主要河流及支流两岸，呈宽窄不一的谷地和缓坡地带。盐边县属南亚热带干河谷气候区，具有典型的南亚热带干旱季风气候特点，冬暖、春温高、夏秋凉爽；气温年差较小；太阳辐射强，日照充足，热量丰富、四季分明；干雨季分明，干季蒸发量大，雨季集中，雨量充沛，多夜雨、雷阵雨；区域性小气候复杂多样，热量雨量分布不均。由低海拔到高海拔呈立体气候特征分布。年均降雨量 1065.60mm。年均气温 19.20℃。年均日照数为 2307.20h，日照百分率 54%，雨季前 1—5 月光能极为充沛，月均日照时数均在 220h 以上，相对湿度为 66.60%。

1. 保护水土资源价值

(1) 预防和减少土壤流失。2016 年全县共减少土壤流失量 39.3 万 t。其中，耕地、林地、草地分别减少 5.7 万 t、29.03 万 t、4.57 万 t。按耕地、林地、草地经济效益分别测算，保土价值共计 131.92 万元，其中耕地、林地和草地保土价值分别为 79.15 万元、35.84 万元、16.93 万元。

(2) 提高土壤质量和土地生产力。2016 年全县减少土壤流失量 39.3 万 t，根据当地市场价格折算氮、磷、钾、有机质价值分别为 908.34 万元、248.19 万元、70.58 万元、7905.86 万元，共计 0.91 亿元。

(3) 拦蓄地表径流、增加土壤入渗、提高水源涵养能力。2016 年全县共减少径流量 2778 万 m³，其中，耕地、林地、草地分别减少 300.59 万 m³、2051.45 万 m³、425.96 万 m³，共实现保水价值 1.79 亿元。森林、草地生态系统涵养水源量分别为 11749.20 万 m³、2174.65 万 m³，涵养水源价值计 8.99 亿元。拦蓄地表径流、增加土壤入渗、提高水源涵养能力价值共计 10.78 亿元。

2. 防灾减灾价值

2016 年，盐边县减少土壤流失 39.3 万 t，按 24％的侵蚀量淤积河道计算，泥沙容重取 1.35g/cm³，人工清淤费用按 58.15 元/m³ 计算，减少下游泥沙危害总价值为 406.31 万元。

3. 改善生态价值

(1) 改善生物多样性。Shannon - Wiener 指数介于 2～3 之间，则物种多样性保育价值按 10000 元/(hm²·a) 计。2016 年，盐边县林地面积为 2.24 万 hm²，生物多样性价值为 2.24 亿元。

(2) 固碳释氧。参考瑞典碳税率1200 元/t 和氧补偿价值。2016 年全盐边县固碳释氧价值为 7.10 亿元，其中固碳价值为 12268.44 万元，释氧价值为 58696.75 万元。

4. 促进社会进步价值

水土保持可以改善区域土地利用结构、农村生产结构、基础设施、燃料等能源结构以及教育文化状况等方面，可以提高人均收入，特别是新增的水土保持经济林及经济作物。但由于目前还无法直接量化计算，未列入计算。

5. 水土保持功能价值总体评价

从保护水土资源、防灾减灾和改善生态等三方面的水土保持功能价值评价结果可知，2016 年盐边县水土保持功能价值为 21.08 亿元，单位面积服务价值为 6.50 元/m²。其中，保护水土资源价值为 11.70 亿元，占总体价值的 55.54％；改善生态和防灾减灾功能价值分别占总体价值的 44.26％ 和 0.19％，见表 10 - 4。

表 10 - 4　　　　　　　　盐边县水土保持功能价值

一级功能	二 级 功 能	价值/亿元	所占比例/％	所占比例/％	单位面积价值/(元/m²)
保护水土资源	预防和减少土壤流失	0.01	0.11	55.54	3.61
	提高土壤质量和土地生产力	0.91	7.80		
	拦蓄地表径流、增加土壤入渗、提高水源涵养能力	10.78	92.09		
	小　计	11.70	100.00		
防灾减灾	减轻下游泥沙危害	0.04		0.19	0.01
	小　计	0.04			

续表

一级功能	二　级　功　能	价值/亿元	所占比例/%	所占比例/%	单位面积价值/（元/m²）
改善生态	改善生物多样性	2.24	23.99	44.26	2.88
	固碳释氧	7.10	76.01		
	小　　计	9.34	100.00		
合　　计		21.08		100.00	6.50

10.3.4　云南省双柏县

双柏县是云南省楚雄自治州下辖县，属于滇西南山地区，东西横距95km，南北纵距76km，国土总面积4045km²。双柏县辖5镇3乡、84个村委会、1540个村民小组、1845个自然村。全县境内无一平方公里完整的平坝，山区面积占国土总面积的99.70%，境内最高海拔2946.00m，最低海拔556.00m，相对高差2390m。境内居住着汉、彝、回、苗、哈尼等18个民族。双柏县属北亚热带高原季风气候，年平均降雨量927mm，年平均气温15℃，年平均日照时数为2355h，冬无严寒，夏无酷暑，雨热同季，干湿季分明，光照资源丰富，气候资源类型多样。

1. 保护水土资源价值

（1）预防和减少土壤流失。2016年全县共减少土壤流失量2111.32万t。其中，耕地、林地、草地分别减少168.25万t、1779.16万t、163.92万t。按耕地、林地和草地经济效益分别测算，实现保土价值0.54亿元，其中耕地、林地和草地分别为2554.87万元、2196.49万元、607.10万元。

（2）提高土壤质量和土地生产力。2016年全县减少土壤流失量2111.32万t，根据当地市场价格折算氮、磷、钾、有机质价值分别为50249.53万元、244.91万元、7143.31万元、266026.90万元，共实现保肥价值32.37亿元。

（3）拦蓄地表径流、增加土壤入渗、提高水源涵养能力。2016年双柏县共减少径流量16682.43万m³，其中，耕地、林地、草地分别减少954.04万m³、14299.14万m³、1429.26万m³，共实现保水价值8.09亿元。森林、草地生态系统涵养水源量分别为217497.39万m³、19805.48万m³，涵养水源价值245.61亿元。拦蓄地表径流、增加土壤入渗、提高水源涵养能力价值共计253.70亿元。

2. 防灾减灾价值

2016年双柏县减少土壤流失量2111.32万t，按24%的侵蚀量淤积河道计算，泥沙容重取1.35g/cm³，人工清淤费用按31.02元/m³计算，减少下游泥沙危害总价值为 1.16 亿元。

3. 改善生态价值

(1) 改善生物多样性。Shannon – Wiener 指数介于 3～4 之间，物种多样性保育价值按 20000 元/(hm² · a) 计。2016 年，双柏县林地面积为 30.16 万 hm²，生物多样性价值为 60.33 亿元。

(2) 固碳释氧。参考瑞典碳税率和氧补偿价值 2016 年双柏县固碳释氧价值为 94.40 亿元，固碳价值为 16.32 亿元，释氧价值为 78.08 亿元。

4. 促进社会进步价值

水土保持可以改善区域土地利用结构、农村生产结构、基础设施、燃料等能源结构以及教育文化状况等方面，可以提高人均收入，特别是新增的水土保持经济林及经济作物。但由于目前还无法直接量化计算，未列入计算。

5. 水土保持功能价值总体评价

从保护水土资源、防灾减灾和改善生态等三方面的水土保持功能价值评价结果可知，2016 年双柏县水土保持功能价值为 311.97 亿元，单位面积价值为 7.95 元/m²。其中，保护水土资源价值为 156.09 亿元，占总体价值的 50.03%；改善生态和防灾减灾功能价值分别占总体价值的 49.60% 和 0.37%，见表 10 – 5。

表 10 – 5 　　　　　　　　双柏县水土保持功能价值

一级功能	二　级　功　能	价值/亿元	所占比例/%	所占比例/%	单位面积价值/(元/m²)
保护水土资源	预防和减少土壤流失	0.54	0.34	50.03	3.98
	提高土壤质量和土地生产力	32.37	20.74		
	拦蓄地表径流、增加土壤入渗、提高水源涵养能力	123.18	78.92		
	小　　计	156.09	100.00		
防灾减灾	减轻下游泥沙危害	1.16		0.37	0.03
	小　　计	1.16			
改善生态	改善生物多样性	60.33	38.99	49.60	3.94
	固碳释氧	94.40	61.01		
	小　　计	154.72	100.00		
合　　　计		311.97		100.00	7.95

10.4　区域水土保持功能价值

依据目前可获取的参数指标计算，本研究仅考虑保护水土资源、防灾减灾和改善生态等三方面的水土保持功能价值进行评价。结果表明，2016 年度西南岩溶区水土保持功能价值为 39793.21 亿元，单位面积水土保持功能价值为 6.50 元/m²，见表 10 - 6。

表 10 - 6　　　　西南岩溶区 2016 年度水土保持功能价值

一级功能	二 级 功 能	价值/亿元	所占比例/%	所占比例/%	单位面积价值/(元/m²)
保护水土资源	预防和减少土壤流失	23.53	0.10	58.74	3.82
	提高土壤质量和土地生产力	1530.17	6.55		
	拦蓄地表径流、增加土壤入渗、提高水源涵养能力	21818.89	93.35		
	小　计	23372.58	100.00		
防灾减灾	减轻下游泥沙危害	60.24		0.15	0.01
	小　计	60.24			
改善生态	改善生物多样性	4686.79	28.65	36.86	2.67
	固碳释氧	11673.59	71.35		
	小　计	16360.39	100.00		
合　计		39793.21		100.00	6.50

第 11 章

青藏高原区水土保持功能价值

11.1　区域自然环境与经济社会概况

11.1.1　自然环境概况

青藏高原区位于昆仑山—阿尔金山以南、四川盆地以西的高原地区，主要分布有祁连山、唐古拉山、巴颜喀拉山、横断山脉、喜马拉雅山、柴达木盆地、藏北高原、青海高原、藏南谷地等，包括西藏、甘肃、青海、四川和云南5省（自治区）共144个县（市、区），国土总面积约219万km²。该区位于我国第一级地势阶梯，是世界上海拔最高、面积最大的高原，孕育了长江、黄河和西南诸河。该区以高原山地为主，海拔2500.00～5100.00m，宽谷盆地相间分布，湖泊众多。地形复杂，总体地势西北高、东南低，自西向东倾斜。属高原气候，空气稀薄，日照充足，太阳辐射强，气温低、日较差大、年变化较小。全区南北跨越近13个纬度，东西跨31个经度，从南到北可划分为热带、亚寒带、高原温带、高原亚寒带和高原寒带等气候带。不小于10℃积温1000℃以下。该区大部分地区多年平均降水量为200～500mm。青藏高原湖泊众多，面积在1km²以上的湖泊有1126个，总面积达39206.8km²，分别占全国湖泊个数的40%和面积的49%，是世界上最大的高原湖泊群分布区。青藏高原水资源总量为5463.4亿m³，地下水资源约为1568亿m³，水资源总量和地下水资源总量均占全国的1/5。土壤类型主要有高山草甸土、高山寒漠土、亚高山灌丛草原土、高山草原土和高山荒漠土。青藏高原的植被从东南到西北依次出现高寒灌丛、高寒草甸、高寒草原、高寒荒漠。

11.1.2　社会经济状况

青藏高原区总人口 740.81 万人，占全国总人口的 0.55%，其中，农业人口 419.02 万人，占该区人口总数的 56.56%，农业劳动力 308.86 万人，人口密度为 3 人/km²。地区生产总值 1879.29 亿元，占全国国内生产总值的 0.36%。其中，农业总产值 378.95 亿元，占地区生产总值的 20.16%。农业人均年纯收入 3837 元。该区土地利用以草地、林地和耕地为主，其中，草地 13947.52 万 hm²，林地 3083.83 万 hm²，耕地面积 104.93 万 hm²，园地 2.57 万 hm²，其他利用类型土地面积 4750.28 万 hm²。

11.1.3　水土流失概况

青藏高原区水土流失以轻中度为主，水土流失总面积为 32.81 万 km²，占国土总面积的 14.69%，其中，水力侵蚀 13.44 万 km²，占水土流失总面积的 40.96%，主要分布在西藏南部、东南高山河谷和青海东部等地区；风力侵蚀 19.37 万 km²，占水土流失总面积的 59.04%，主要分布于昆仑山以南、申扎-曲麻莱一线以西。此外，冻融侵蚀是青藏高原区主要土壤侵蚀类型，全区分布广泛，面积 53.61 万 km²，占国土总面积的 24.01%。

11.2　计算参数

本节研究物质量测算数据主要来源于国家统计年鉴、全国水土保持公报、典型县监测数据、2016—2017 年国民经济和社会发展统计公报以及相关文献资料。价值量基础数据来源于当地市场调查，见表 11-1。

表 11-1　　　　　　　　青藏高原区主要计算参数取值及依据

参数名称	典型县	共和县	河南县	德钦县	巴宜区	申扎县	依 据 说 明
土地年均收益 /(元/hm²)	耕地	27700	27269	61500	39000	5680	2016 年各县国民经济和社会发展统计公报、统计年鉴
	林地	5000	4100	5000	5680	15000	
	草地	15000	3000	15000	5000	—	
	园地	—	—	15000	—	—	
	湿地	—	—	—	13000	13000	
化肥价格 /(元/t)	氮肥	20000	17778	12445	13334	13334	2016 年磷酸二胺（含氮 18%）、国产三元复合肥（含磷钾各 15%）、有机肥市场销售价格
	磷肥	14667	14667	16200	14667	14667	
	钾肥	14667	14667	16200	14667	14667	
	有机质	4500	4500	4500	4500	4500	

参数名称 \ 典型县		共和县	河南县	德钦县	巴宜区	申扎县	依 据 说 明
土壤养分含量 /(g/kg)	氮	1.43	1.29	1.30	1.74	2.13	共和县和申扎县依据全国第二次土壤普查数据；其他为调查数据
	速效磷	0.003	0.04	0.01	0.02	0.003	
	速效钾	0.13	0.16	0.05	0.14	0.14	
	有机质	21.02	75.45	33.12	29.73	44.88	
水价/(元/m³)		3.00	1.83	3.45	4.62	4.62	2016年各县生活用水阶梯价格
清淤价格/(元/m³)		51.04	20.96	46.47	43.26	24.43	调查数据（各县水库工程投资规模推算）
土壤容重/(g/cm³)		1.35	1.35	1.35	1.35	—	调查数据
物种保育价值 /[元/(hm²·a)]	林地	20000	5000	20000	10000	5000	《森林生态系统服务功能评估规范》(LY/T 1721—2008)
	草地	5000	5000	20000	10000	10000	
碳税率/(元/t)		1200	1200	1200	1200	—	参照瑞典数据
氧气价格/(元/t)		2148	2148	2148	2148	—	参照瑞典数据

11.3 典型县水土保持功能价值

11.3.1 青海省共和县

青海省共和县地处青藏高原东北缘，是青藏高原的东门户，素有"青藏咽喉"之称，属于柴达木盆地及昆仑山北麓高原区，位于著名的青海湖之南，地理坐标为东经99°～101.5°，北纬35.5°～37.2°。共和县辖11个乡镇，99个行政村，14个社区居委会，国土总面积1.73万km²，有藏、汉、回、撒拉、蒙古族等22个少数民族，其中少数民族占全县总人口的70%，有可利用草场125.08万hm²，耕地3.05万hm²。其北部是日月山隆起带及青海湖盆地，中部是青海南山及山南侧的共和盆地，南部是鄂拉山区和黄河谷地。共和县地形以高原山地为主，平均海拔3200.00m。最高峰为鄂拉山的切龙岗，海拔5290.00m，最低处是黄河谷地龙羊峡，海拔2460.00m。共和县属高原大陆性气候，干旱少雨，气候温凉，日照充足，昼夜温差大，年平均气温4.1℃，年均降水量250～450mm。

1. 保护水土资源价值

（1）预防和减少土壤流失。2016年全县共减少土壤侵蚀量为5774.79万t。其中，耕地、林地、草地分别减少184.32万t、0.57万t、5589.9万t。

按耕地、林地和草地经济效益分别测算，保土价值为 2.20 亿元，耕地、林地和草地保土价值分别为 1260.67 万元、0.7 万元、20703.34 万元。

（2）提高土壤质量和土地生产力。根据共和县 2016 年磷酸二胺（含氮 18%）、国产三元复合肥（含磷钾各 15%）、有机肥市场价格，得出氮、磷、钾、有机质价值分别为 165159.02 万元、228.68 万元、10973.34 万元和 546237.47 万元，共计 72.26 亿元。

（3）拦蓄地表径流、增加土壤入渗、提高水源涵养能力。2016 年全县共减少径流量 32681.28 万 m^3，其中，耕地、林地、草地分别减少 1157.64 万 m^3、4.33 万 m^3、31519.31 万 m^3，保水价值共计 9.80 亿元。森林、草地生态系统涵养水源量分别为 101.83 万 m^3、461328.02 万 m^3，涵养水源价值为 138.43 亿元。拦蓄地表径流、增加土壤入渗、提高水源涵养能力价值共计 148.23 亿元。

2. 防灾减灾价值

2016 年，共和县减少土壤侵蚀 5774.79 万 t，按 24% 的侵蚀量淤积河道计算，泥沙容重取 1.35g/cm^3，人工清淤费用按 51.04 元/m^3 计算，减少下游泥沙危害总价值为 5.24 亿元。

3. 改善生态价值

（1）改善生物多样性。共和县林地 Shannon-Wiener 指数多介于 3～4 之间，则物种多样性保育价值按 20000 元/(hm^2·a) 计算，草地 Shannon-Wiener 指数多介于 1～2 之间，则物种多样性保育价值按 5000 元/(hm^2·a) 计算。2016 年，全县林地面积为 0.27 万 hm^2，草地面积为 117.60 万 hm^2，改善生物多样性价值为 58.85 亿元。

（2）固碳释氧。参考瑞典碳税率和氧补偿价值，计算出 2016 年共和县固碳释氧价值为 51.04 亿元，其中固碳价值为 8.89 亿元，释氧价值为 42.15 亿元。

4. 促进社会进步价值

水土保持可以改善区域土地利用结构、农村生产结构、基础设施、燃料等能源结构以及教育文化状况等方面，可以提高人均收入，特别是新增的水土保持经济林及经济作物。但由于目前还无法直接量化计算，未列入计算。

5. 水土保持功能价值总体评价

从保护水土资源、防灾减灾和改善生态等三方面的水土保持功能价值评价结果可知，2016 年共和县水土保持功能价值为 337.82 亿元，单位面积价值为 2.74 元/m^2。其中，保护水土资源价值为 222.69 亿元，占总体价值的

65.92%；改善生态和防灾减灾功能价值分别占总体价值的 32.53% 和
1.55%，见表 11-2。

表 11-2 共和县水土保持功能价值

一级功能	二级功能	价值/亿元	所占比例/%	所占比例/%	单位面积价值/（元/m²）
保护水土资源	预防和减少土壤流失	2.20	0.99	65.92	1.81
	提高土壤质量和土地生产力	72.26	32.45		
	拦蓄地表径流、增加土壤入渗、提高水源涵养能力	148.23	66.56		
	小 计	222.69	100.00		
防灾减灾	减轻下游泥沙危害	5.24		1.55	0.042
	小 计	5.24			
改善生态	改善生物多样性	58.85	53.56	32.53	0.89
	固碳释氧	51.04	46.44		
	小 计	109.89	100.00		
合 计		337.82		100.00	2.74

11.3.2 青海省河南蒙古族自治县

河南蒙古族自治县是青海省唯一的蒙古族自治县，俗称"河南蒙旗"，是
中国蒙古族人口比例最高的县。地处青海省东南部，东临甘肃省甘南藏族自
治州夏河县、碌曲县，南接甘肃省甘南藏族自治州玛曲县，西南与青海省果
洛藏族自治州玛沁县、海南藏族自治州同德县毗连，北与泽库县相邻，处于
青甘川三省结合部，素有青海省南大门之称。全县国土总面积 6997.45km²，
海拔 3600.00m，辖 1 镇 4 乡 2 社区 39 个牧委会，135 个牧业合作社，四座藏
传佛教寺院，总人口 4 万人，蒙古族占 93.21%。河南蒙古族自治县气候为高
原大陆性气候，属高原亚寒带湿润气候区。由于海拔较高，地势复杂和受季
风影响，高原大陆性气候特点比较明显。每年 5—10 月温暖、多雨，11 月至
次年 4 月寒冷、干燥、多大风天气。春秋时日短，四季不分明，无绝对无霜
期。年均气温在 9.2～14.6℃ 内，年降水量为 597.1～615.5mm，降水总量为
41.8761m³，平均每亩降水 398.96m³。平均年蒸发量为 1349.700mm。常年
风向西北风，最大风速达到 23.7m/s，年平均风速 2.6m/s。年均积雪 55.3
天，最大积雪厚度 310mm。日照率为 57.58%～58.15%，略低于省内西部地
区。年平均气压 671.8MPa，空气密度为 812.0g/m³，年均雷暴 67.6 次。年
均沙暴 1.25 次。年均雾障 36.1 次。河南蒙古族自治县河流多，有大小河流

27 条，主要河流 14 条，其中较大河流为洮河、泽曲河、尕玛日河。泽曲源于泽库县境内，经河南县流入黄河，是河南县境内最大的河流之一，全长 232km，流域面积 4756km²。洮河在河南县境内流程为 83.5km。

1. 保护水土资源价值

（1）预防和减少土壤流失。2016 年全县共减少土壤侵蚀量 13150.77 万 t。其中，耕地、林地和草地分别减少 4.88 万 t、1520.75 万 t、11625.14 万 t。按耕地、林地和草地经济效益分别测算，实现保土价值 1.02 亿元，其中耕地、林地、草地分别为 32.88 万元、1539.52 万元、8611.21 万元。

（2）提高土壤质量和土地生产力。2016 年全县减少土壤侵蚀总量为 13150.77 万 t，根据市场价格测算氮、磷、钾、有机质价值分别为 301591.11 万元、7715.12 万元、30860.49 万元、4465016.35 万元，共计 480.52 亿元。

（3）拦蓄地表径流、增加土壤入渗、提高水源涵养能力。2016 年全县共减少径流量 28024.19 万 m³，其中，耕地、林地和草地分别减少 5.93 万 m³、1042.8 万 m³ 和 26975.46 万 m³，保水价值 5.13 亿元。森林、草地生态系统涵养水源量为 24938.91 万 m³、285277.07 万 m³，涵养水源价值 56.77 亿元。拦蓄地表径流、增加土壤入渗、提高水源涵养能力价值共计 61.90 亿元。

2. 防灾减灾价值

2016 年，河南县减少土壤侵蚀 13150.77 万 t，按 24％的侵蚀量淤积河道计算，泥沙容重取 1.35g/cm³，人工清淤费用按 20.96 元/m³ 计算，减少下游泥沙危害总价值为 4.90 亿元。

3. 改善生态价值

（1）改善生物多样性。河南县林地 Shannon - Wiener 指数介于 1～2 之间，则物种多样性保育价值按 5000 元/（hm²·a）计，草地 Shannon - Wiener 指数介于 1～2 之间，则物种多样性保育价值按 5000 元/（hm²·a）计算。2016 年全县林地、草地面积分别为 4.35 万 hm²、64.23 万 hm²，生物多样性价值为 34.29 亿元。

（2）固碳释氧。参考瑞典碳税率和氧补偿价值，2016 年全县固碳释氧价值为 96.42 亿元，其中固碳价值为 16.69 亿元，释氧价值为 79.73 亿元。

4. 促进社会进步价值

水土保持可以改善区域土地利用结构、农村生产结构、基础设施、燃料等能源结构以及教育文化状况等方面，可以提高人均收入，特别是新增的水土保持经济林及经济作物。但由于目前还无法直接量化计算，未列入计算。

5. 水土保持功能价值总体评价

从保护水土资源、防灾减灾和改善生态等三方面的水土保持功能价值评价结果可知，2016 年河南县水土保持功能价值为 679.04 亿元，单位面积服务价值为 9.90 元/m²。其中，保护水土资源价值为 543.44 亿元，占总体价值的 80.03%；改善生态和防灾减灾功能价值分别占总体价值的 19.25% 和 0.72%，见表 11-3。

表 11-3　　　　　　　　　　河南县水土保持功能价值

一级功能	二级功能	价值/亿元	所占比例/%	所占比例/%	单位面积价值/(元/m²)
保护水土资源	预防和减少土壤流失	1.02	0.19	80.03	7.92
	提高土壤质量和土地生产力	480.52	88.42		
	拦蓄地表径流、增加土壤入渗、提高水源涵养能力	61.90	11.39		
	小　计	543.44	100.00		
防灾减灾	减轻下游泥沙危害	4.90		0.72	0.07
	小　计	4.90			
改善生态	改善生物多样性	34.29	26.23	19.25	1.91
	固碳释氧	96.42	73.77		
	小　计	130.71	100.00		
合　计		679.04		100.00	9.90

11.3.3　云南省德钦县

德钦县位于云南省迪庆藏族自治州西北部，东经 98°3′56″～99°32′20″、北纬 27°33′44″～29°15′2″之间。西南与维西傈僳族自治县、怒江州贡山独龙族自治县接壤，西北与西藏自治区昌都市芒康县、西藏自治区昌都市左贡县、西藏自治区林芝地区察隅县山水相连；东南同四川的巴塘县、得荣县及云南的香格里拉县隔金沙江相望，国土总面积 7596km²。德钦县辖 2 个镇、6 个乡，总面积 7273km²，人口密度 8 人/km²，县城升平镇，海拔 3400.00m，距州府中甸 182km，距省会昆明 889km。德钦县全境山高坡陡，峡长谷深，地形地貌复杂。德钦的气候属寒温带山地季风性气候。气候受海拔的影响较大。纬度影响不甚明显。随着海拔的升高，气温降低，降水增大，大部分地区四季不分明，冬季长夏季短，正常年干湿两季分明，年平均降雨量 633.7mm，5—10 月雨季的降水量占全年降水量的 77.5%，西北部年平均降水量在 660mm 以下，东南部年平均降水量在 850mm 左右。年平均气温 4.7℃，年极端最高气温 25.1℃，最低气温 -27.4℃，日照时数为 1980.7h，日照率为 4.5。

1. 保护水土资源价值

(1) 预防和减少土壤流失。2016 年全县共减少土壤侵蚀量 9259.91 万 t。其中，耕地、林地和草地分别减少 154.01 万 t、7426.70 万 t、1679.20 万 t。按耕地、林地和草地经济效益分别测算保土价值为 1.36 亿元，其中耕地、林地和草地分别为 2338.63 万元、9169.60 万元、2073.09 万元。

(2) 提高土壤质量和土地生产力。2016 年，德钦县减少土壤侵蚀量为 9259.91 万 t，按德钦县 2016 年磷酸二胺（含氮 18%）、国产三元复合肥（含磷钾各 15%）、有机肥市场价格计算得到氮、磷、钾、有机质的折纯价格，氮、磷、钾和有机质价值分别为 149804.71 万元、900.06 万元、7500.53 万元和 1380096.94 万元，共计 153.83 亿元。

(3) 拦蓄地表径流、增加土壤入渗、提高水源涵养能力。2016 年，德钦县共减少径流量 16119 万 m³，其中，耕地、林地和草地分别减少径流量 208.28 万 m³、12985.72 万 m³、2925.01 万 m³，实现保水价值 5.56 亿元。森林、草地生态系统涵养水源量分别为 318167.68 万 m³、71825.36 万 m³，涵养水源价值为 134.55 亿元。拦蓄地表径流、增加土壤入渗、提高水源涵养能力价值共计 140.11 亿元。

2. 防灾减灾价值

2016 年，德钦县减少土壤侵蚀 9259.91 万 t，按 24% 的侵蚀量淤积河道计算，泥沙容重取 1.35g/cm³，人工清淤费用按 46.41 元/m³ 计算，减少下游泥沙危害总价值为 7.65 亿元。

3. 改善生态价值

(1) 改善生物多样性。德钦县林地 Shannon - Wiener 指数多介于 3～4 之间，则物种多样性保育价值按 20000 元/(hm²·a) 计；草地 Shannon - Wiener 指数多介于 3～4 之间，则物种多样性保育价值按 20000 元/(hm²·a) 计。2016 年，德钦县林地面积为 44.05 万 hm²，草地面积为 9.92 万 hm²，生物多样性价值为 107.94 亿元。

(2) 固碳释氧。参考瑞典碳税率和氧补偿价值，2016 年德钦县固碳释氧价值为 68.34 亿元，其中固碳价值为 11.84 亿元，释氧价值为 56.50 亿元。

4. 促进社会进步价值

水土保持可以改善区域土地利用结构、农村生产结构、基础设施、燃料等能源结构以及教育文化状况等方面，可以提高人均收入，特别是新增的水土保持经济林及经济作物。但由于目前还无法直接量化计算，未列入计算。

5. 水土保持功能价值总体评价

从保护水土资源、防灾减灾和改善生态等三方面的水土保持功能价值评价结果可知，2016 年德钦县水土保持功能价值为 479.22 亿元，单位面积价值为 8.73 元/m²。其中，保护水土资源价值为 295.30 亿元，占总体价值的61.62%；改善生态和防灾减灾功能价值分别占总体价值的 36.78% 和1.60%，见表 11 - 4。

表 11 - 4　　　　　　　　　德钦县水土保持功能价值

一级功能	二 级 功 能	价值/亿元	所占比例/%	所占比例/%	单位面积价值/(元/m²)
保护水土资源	预防和减少土壤流失	1.36	0.46	61.62	5.38
	提高土壤质量和土地生产力	153.83	52.09		
	拦蓄地表径流、增加土壤入渗、提高水源涵养能力	140.11	47.45		
	小　　计	295.30	100.00		
防灾减灾	减轻下游泥沙危害	7.65		1.60	0.14
	小　　计	7.65			
改善生态	改善生物多样性	107.94	61.23	36.78	3.21
	固碳释氧	68.34	38.77		
	小　　计	176.27	100.00		
合　　计		479.22		100.00	8.73

11.3.4　西藏自治区巴宜区

巴宜区隶属西藏自治区林芝地区，地处青藏高原念青唐古拉山东南麓，雅鲁藏布江与尼洋河在此相汇，位于北纬 29°21′～30°15′、东经 93°27′～95°17′，国土总面积为 10238km²，东西长 177.2km，南北宽 98.6km，是青藏高原海拔最低的区域，素有"西藏江南"之美誉。巴宜区辖 2 个街道、3 个镇、2 个乡、1 个民族乡、107 个行政村，总人口 6.7 万人（2013 年）。巴宜区平均海拔 3000.00m，相对高差 2200～4700m，位于巴宜与米林交界的加拉白垒峰，海拔 7294.00m。境内从亚热带到寒带植物都有生长，素有"绿色宝库"之称。该地区受印度洋暖湿气流的影响，境内属温带湿润季风气候，雨量充沛，日照充足，冬季温和干燥，夏季湿润无高温。年均气温 8.5℃（最冷 1 月，平均气温为 -2℃，最热 7 月，平均气温 20℃年）。无霜期 175 天左右。年日照时间 2022h。年平均降水量 654mm，主要集中在 5—9 月，占全年降水量的 90%左右。

1. 保护水土资源价值

（1）预防和减少土壤流失。2016 年，巴宜区共减少土壤侵蚀量为 1297.06 万 t。其中，耕地、林地、草地和湿地分别减少 6.42 万 t、1180.60 万 t、99.36 万 t、10.68 万 t。按耕地、林地、草地和湿地经济效益分别测算，共实现保土价值 0.21 亿元，其中，耕地、林地、草地和湿地分别为 61.84 万元、1655.75 万元、368.02 万元和 34.27 万元。

（2）提高土壤质量和土地生产力。根据巴宜区 2016 年磷酸二胺（含氮 18%）、国产三元复合肥（含磷钾各 15%）、有机肥市场价格计算氮、磷、钾、有机质等折纯价格，2016 年巴宜区减少土壤侵蚀总量为 1297.06 万 t，氮、磷、钾和有机质价值分别为 30091.77 万元、296.77 万元、2655.69 万元和 173527.07 万元，共计 20.66 亿元。

（3）拦蓄地表径流、增加土壤入渗、提高水源涵养能力。2016 年全区共减少径流量 13978.54 万 m^3，其中，耕地、林地、草地和湿地分别减少 52.81 万 m^3、9638.07 万 m^3、1009.56 万 m^3、3278.09 万 m^3，保水价值为 6.46 亿元。森林、草地和湿地生态系统涵养水源量分别为 261566.66 万 m^3、8044.28 万 m^3、3278.09 万 m^3，涵养水源价值为 126.07 亿元。拦蓄地表径流、增加土壤入渗、提高水源涵养能力价值共计 132.53 亿元。

2. 防灾减灾价值

2016 年，巴宜区减少土壤侵蚀 1297.06 万 t，按 24%的侵蚀量淤积河道计算，泥沙容重取 1.35g/cm^3，人工清淤费用按 43.26 元/m^3 计算，减少下游泥沙危害总价值为 1.00 亿元。

3. 改善生态价值

（1）改善生物多样性。巴宜区林地、草地 Shannon - Wiener 指数多介于 2～3 之间，则物种多样性保育价值按 10000 元/(hm^2·a）计算。2016 年，巴宜区林地、草地面积分别为 44.33 万 hm^2、3.77 万 hm^2，生物多样性价值为 48.10 亿元。

（2）固碳释氧。参考瑞典碳税率和氧补偿价值计算，2016 年巴宜区固碳释氧价值为 94.56 亿元，其中固碳价值为 16.36 亿元，释氧价值为 78.20 亿元。

4. 促进社会进步价值

水土保持可以改善区域土地利用结构、农村生产结构、基础设施、燃料等能源结构以及教育文化状况等方面，可以提高人均收入，特别是新增的水土保持经济林及经济作物。但由于目前还无法直接量化计算，未列入计算。

5. 水土保持功能价值总体评价

从保护水土资源、防灾减灾和改善生态等三方面的水土保持功能价值评价结果可知，2016 年巴宜区水土保持功能价值为 297.06 亿元，单位面积服务价值为 6.10 元/m²。其中，保护水土资源价值为 153.40 亿元，占总体价值的 51.64%；改善生态和防灾减灾功能价值分别占总体价值的 48.02% 和 0.34%，见表 11-5。

表 11-5　　　　　　　　巴宜区水土保持功能价值

一级功能	二级功能	价值/亿元	所占比例/%	所占比例/%	单位面积价值/(元/m²)
保护水土资源	预防和减少土壤流失	0.21	0.14	51.64	3.15
	提高土壤质量和土地生产力	20.66	13.47		
	拦蓄地表径流、增加土壤入渗、提高水源涵养能力	132.53	86.39		
	小　计	153.40	100.00		
防灾减灾	减轻下游泥沙危害	1.00		0.34	0.02
	小　计	1.00			
改善生态	改善生物多样性	48.10	33.72	48.02	2.93
	固碳释氧	94.56	66.28		
	小　计	142.66	100.00		
合　计		297.06		100.00	6.10

11.3.5　西藏自治区申扎县

申扎县地处藏北高原腹地南部、冈底斯山和藏北第二大湖色林错之间，中心位置东经 88°38′、北纬 30°57′，南以念青唐古拉山为界，与日喀则市相连，北与双湖县相望，东与班戈县接壤，西与尼玛县为邻。距西藏自治区首府拉萨 520km，距那曲市 505km，国土总面积 25546km²。申扎县属南羌塘高原大湖盆地带，地势较缓，丘陵、高山与盆地相间，丘陵与山地的相对高差一般在 300～500m 之间，坡度较大，地表多为风化破裂碎石堆和岩屑坡。地质结构分为南部念青唐古拉山岩浆带和北部大湖凹陷带。地势南高北低。申扎县属高原亚寒带半干旱季风气候区，空气稀薄，气候寒冷干燥，年均气温 0.4℃，年平均风速为 3.8m/s，年均八级以上大风达 104.3 天。霜期持续天数为 279.1 天。年日照时数为 2915.5h。年均降水量 298.6mm。自然灾害主要是风、雪、旱灾及地震等。

1. 保护水土资源价值

（1）预防和减少土壤流失。2016 年全县共减少土壤侵蚀量为 38253.68 万 t。其中，林地、草地、湿地分别减少 1017.17 万 t、36784.52 万 t、451.98 万 t。按林地、草地和湿地经济效益分别测算，共实现保土价值 13.91 亿元，其中林地保土价值 1426.55 万元，草地保土价值 136238.97 万元，湿地保土价值 1450.81 万元。

（2）提高土壤质量和土地生产力。根据申扎县 2016 年磷酸二胺（含氮 18%）、国产三元复合肥（含磷钾各 15%）、有机肥市场价格，计算得到氮、磷、钾、有机质等折纯价格，2016 年申扎县减少土壤侵蚀总量为 38253.68 万 t，氮、磷、钾和有机质价值分别为 1086404.21 万元、1649.50 万元、78323.15 万元、7725713.03 万元，共计 889.21 亿元。

（3）拦蓄地表径流、增加土壤入渗、提高水源涵养能力。2016 年全县共减少径流量 106280.75 万 m^3，其中，林地、草地和湿地分别减少 697.49 万 m^3、85356.35 万 m^3、20226.91 万 m^3，共实现保水价值 49.10 亿元。森林、草地和湿地生态系统涵养水源量分别为 16680.70 万 m^3、902679.98 万 m^3、11091.54 万 m^3，涵养水源价值计 429.87 亿元。拦蓄地表径流、增加土壤入渗、提高水源涵养能力价值共计 478.97 亿元。

2. 防灾减灾价值

2016 年，申扎县减少土壤侵蚀 38253.68 万 t，按 24% 的侵蚀量淤积河道计算，泥沙容重取 1.35g/cm^3，人工清淤费用按 24.43 元/m^3 计算，减少下游泥沙危害总价值为 16.61 亿元。

3. 改善生态价值

（1）改善生物多样性。申扎县林地 Shannon - Wiener 指数多介于 1～2 之间，则物种多样性保育价值按 5000 元/(hm^2 · a) 计；草地 Shannon - Wiener 指数多介于 2～3 之间，则物种多样性保育价值按 10000 元/(hm^2 · a) 计。2016 年全县林地面积为 2.91 万 hm^2，草地面积为 203.23 万 hm^2，生物多样性价值为 204.68 亿元。

（2）固碳释氧。参考瑞典碳税率和氧补偿价值计算，2016 年申扎县固碳释氧价值为 423.81 亿元，其中固碳价值 73.30 亿元，释氧价值为 350.51 亿元。

4. 促进社会进步价值

水土保持可以改善区域土地利用结构、农村生产结构、基础设施、燃料等能源结构以及教育文化状况等方面，可以提高人均收入，特别是新增的水土保持经济林及经济作物。但由于目前还无法直接量化计算，未列入计算。

5. 水土保持功能价值总体评价

从保护水土资源、防灾减灾和改善生态等三方面的水土保持功能价值评价结果可知，2016 年申扎县水土保持功能价值为 2027.20 亿元，单位面积价值为 9.72 元/m²。其中，保护水土资源价值为 1382.09 亿元，占总体价值的68.18%；改善生态和防灾减灾功能价值分别占总体价值的 31.00% 和0.82%，见表 11-6。

表 11-6 申扎县水土保持功能价值

一级功能	二 级 功 能	价值/亿元	所占比例/%	所占比例/%	单位面积价值/（元/m²）
保护水土资源	预防和减少土壤流失	13.91	1.01	68.18	6.63
	提高土壤质量和土地生产力	889.21	64.34		
	拦蓄地表径流、增加土壤入渗、提高水源涵养能力	478.97	34.65		
	小 计	1382.09	100.00		
防灾减灾	减轻下游泥沙危害	16.61		0.82	0.08
	小 计	16.61			
改善生态	改善生物多样性	204.68	32.57	31.00	3.01
	固碳释氧	423.81	67.43		
	小 计	628.50	100.00		
合 计		2027.20		100.00	9.72

11.4 区域水土保持功能价值

依据目前可获取的参数指标计算，本研究仅考虑保护水土资源、防灾减灾和改善生态等三方面的水土保持功能价值进行评价，采用该区典型县青海省共和县的单位面积水土保持功能价值进行计算，结果表明，2016 年度青藏高原区水土保持功能价值为 141320.70 亿元，单位面积水土保持功能价值为8.25 元/m²，见表 11-7。

表 11-7 青藏高原区 2016 年度水土保持功能价值

一级功能	二 级 功 能	价值/亿元	所占比例/%	所占比例/%	单位面积价值/（元/m²）
保护水土资源	预防和减少土壤流失	550.47	0.57	67.85	5.59
	提高土壤质量和土地生产力	61077.31	63.70		
	拦蓄地表径流、增加土壤入渗、提高水源涵养能力	34259.16	35.73		
	小 计	95886.50	100.00		

续表

一级功能	二级功能	价值/亿元	所占比例/%	所占比例/%	单位面积价值/(元/m²)
防灾减灾	减轻下游泥沙危害	1287.45		0.91	0.08
	小　计	1287.45			
改善生态	改善生物多样性	17274.82	39.13	31.24	2.58
	固碳释氧	26871.48	60.87		
	小　计	44146.30	100.00		
合　计		141320.70		100.00	8.25

第 12 章

水土保持功能价值评估结果分析

党中央、国务院历来高度重视水土保持工作，把水土保持放在山区发展的生命线、国土整治和江河治理的根本、经济社会发展基础的战略高度，带领人民群众开展了大规模水土流失综合防治。截至 2016 年，全国水土保持措施保存面积已达到 107 万 km²，累计综合治理小流域 7 万多条，实施封育保护逾 80 万 km²。1991 年《中华人民共和国水土保持法》颁布实施以来，全国累计有 38 万个生产建设项目编制并实施了水土保持方案，防治水土流失面积超过 15 万 km²。水土保持工作取得了令人瞩目的显著成效。各项水土保持措施为人类提供了巨大的生态效益，在改善水土流失方面产生了显著的影响，根据国家 1985 年、1999 年、2011 年 3 次普查结果，全国水土流失总面积分别为 367.03 万 km²、355.56 万 km²、294.92 万 km²，2000 年以来我国水土流失面积减少了 60.65 万 km²，侵蚀强度也大幅度下降，呈现出高强度侵蚀向低强度变化的特征，中度及以上水土流失面积下降了 19%。水土流失的有效控制，一方面使得治理区生产生活条件改善，农民收入大幅增长。截至 2013 年，全国共修筑梯田逾 1800 万 hm²，建成淤地坝 5.84 万座，累计增产粮食超过 3000 亿 kg。近 10 年来，治理区人均纯收入普遍比未治理区高出 30%～50%，约有 1.5 亿群众直接受益。另一方面，全国林草植被覆盖逐步增加，生态环境明显趋好。水土流失最为严重的黄河粗泥沙集中来源区，植被覆盖率普遍增加了 10%～30%。林草植被的蓄水保土能力不断提高，减沙拦沙效果日趋明显，水源涵养能力日益增强，水源地保护初显成效，到 2013 年全国累计建成清洁小流域 1000 多条，有效维护了水源地水质，发挥了重要的水土保持功能。

为定量核算全国水土保持功能价值，进一步推动水土保持生态补偿、促进水土保持生态文明建设工作，基于 8 个水土保持一级分区 44 个典型县的气象、土壤侵蚀、土地利用现状、经济社会状况等的观测和统计资料，测算典型县 2016 年度保护水土资源价值、防灾减灾价值、改善生态价值，在此基础上，推算出东北黑土区、北方风沙区、北方土石山区、西北黄土高原区、南方红壤区、西南紫色土区、西南岩溶区、青藏高原区等 2016 年度水土保持功能价值，进而推算出 2016 年度全国水土保持功能价值。由于促进社会进步价值计算参数收集困难，没有测算这一部分，因此本书评估结果均小于实际值。

12.1　总体评价

2016 年，全国水土保持功能价值总量为 35.52 万亿元，单位面积水土保持功能价值为 4.77 元/m²，见表 12-1。我国地域广阔、自然和经济社会条件复杂，水土流失类型多样，全国水土保持一级区的水土保持功能、结构存在着一定的相似性和差异性，各分区对水土保持的功能需求及生产发展方向（或土地利用方向）与防治措施布局也具有地域分异规律，水土保持功能价值的地域空间差异性比较显著。从总量来看，青藏高原区最高为 14.13 万亿元，其次分别为南方红壤区 5.30 万亿元、西南岩溶区 3.97 万亿元、北方土石山区 3.15 万亿元、东北黑土区 3.06 万亿元、西南紫色土区 2.75 万亿元、西北黄土高原区 1.71 万亿元、北方风沙区 1.44 万亿元，从高到低分别占全国总量 的 39.79％、14.91％、11.20％、8.88％、8.62％、7.74％、4.81％、4.05％（图 12-1）。由于青藏高原是我国乃至东南亚地区重要的生态屏障，其国土总面积 219 万 km²，仅次于北方风沙区，因此区生态系统蕴含的水土保持功能价值居全国之首。北方风沙区土壤层较薄且瘠薄，地貌植被较差，尽管国土总面积最大，但是区域生态系统蕴含的水土保持功能最低。

从单位面积价值量来看，青藏高原区单位面积水土保持功能价值为 8.25 元/m²，位居全国第一，其次分别为西南岩溶区 6.50 元/m²、西南紫色土区 6.21 元/m²、南方红壤区 5.43 元/m²、北方土石山区 5.19 元/m²、西北黄土高原区 3.56 元/m²、东北黑土区 3.16 元/m²，北方风沙区最低为 1.29 元/m²。

总价值量与单位面积水土保持价值量的分布规律基本反映了水土保持功能实际分布规律。青藏高原区是世界上平均海拔最高的地区，幅员辽阔，地貌类型多样，生态系统类型丰富，是我国及东南亚地区主要水源地之一，在全球碳循环中起着重要碳汇的作用，是我国及其东亚最重要的生态屏障。该区水土保持功能在全国生态环境保护战略中占有十分重要的地位。本次评价结果显示，青藏高原区水土保持功能总价值量第一，单位面积价值也位居第一。相比较而言，北方风沙区地貌类型单一，生物多样性较低，蕴含的水土保持功能总价值量与单位面积价值量均为最后，见表 12-1。

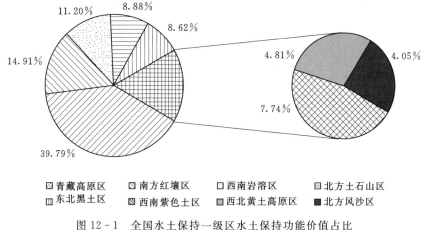

图 12-1 全国水土保持一级区水土保持功能价值占比

表 12-1 　　　　　　2016 年度不同类型区水土保持功能价值

水土保持 　一级区 分类	东北黑 土区	北方风 沙区	北方土 石山区	西北黄土 高原区	南方红 壤区	西南紫 色土区	西南岩 溶区	青藏高 原区	全国
水土保持功能 价值/万亿元	3.06	1.44	3.15	1.71	5.30	2.75	3.97	14.13	35.52
单位面积水土 保持功能价值 /（元/m²）	3.16	1.29	5.19	3.56	5.43	6.21	6.50	8.25	4.77

12.2 分类评价

2016 年，全国水土保持功能价值中，保护水土资源价值、防灾减灾价值、改善生态价值分别为 20.17 万亿元、1.67 万亿元、13.67 万亿元，分别占全国水土保持功能价值总量的 56.80%、4.71%、38.49%，具体分析如下。

12.2.1 保护水土资源价值量

全国 8 个水土保持一级分区中，青藏高原区的保护水土资源价值量位居第一，为 9.59 万亿元，其次为西南岩溶区 2.34 万亿元，第三是南方红壤区 1.96 万亿元，第四至第八分别是北方土石山区 1.71 万亿元、西南紫色土区 1.69 万亿元、西北黄土高原区 1.31 万亿元、东北黑土区 0.95 万亿元、北方风沙区 0.64 万亿元，见表 12-2。

从保护水土资源价值在区域水土保持功能价值中所占比例来看，全国保护水土资源价值占水土保持功能价值总量的 56.80%。从分区来看，西北黄土高原区占比最高，达到 76.92%；青藏高原区第二，占比 67.85%；西南紫色土区 61.32%，位居第三；第四至第八分别为西南岩溶区、北方土石山区、北方风沙区、南方红壤区、东北黑土区。

对单位面积保护水土资源价值进行排序，从高到低依次是：青藏高原区＞西南岩溶区＞西南紫色土区＞北方土石山区＞西北黄土高原区＞南方红壤区＞东北黑土区＞北方风沙区，变化幅度在 0.57～5.59 元/m² 内。

表 12-2 不同类型区保护水土资源价值

项目＼区域	东北黑土区	北方风沙区	北方土石山区	西北黄土高原区	南方红壤区	西南紫色土区	西南岩溶区	青藏高原区	全国
保护水土资源价值/万亿元	0.95	0.64	1.71	1.31	1.96	1.69	2.34	9.59	20.19
在区域总价值中占比/%	30.89	44.47	54.11	76.92	36.96	61.32	58.74	67.85	56.80
单位面积价值/(元/m²)	0.98	0.57	2.81	2.74	2.01	3.81	3.82	5.59	

12.2.2 防灾减灾价值量

2016 年度全国水土保持防灾减灾功能价值总量为 16717.82 亿元。各个类型区中，南方红壤区位列第一，为 8542.74 亿元，其次为北方土石山区 3399.10 亿元，第三为东北黑土区 2134.13 亿元，第四至第八分别为青藏高原区 1287.45 亿元、北方风沙区 808.05 亿元、西北黄土高原区 358.8 亿元、西南紫色土区 127.31 亿元、西南岩溶区 60.24 亿元，见表 12-3。

从防灾减灾价值在区域水土保持功能价值中所占比例来看，全国为 4.71%。从分区来看，南方红壤区占比最高，为 16.13%；北方土石山区位居第二，占比 10.78%；东北黑土区位居第三，占比 6.97%；第四至第八分别为北方风沙区、西北黄土高原区、青藏高原区、西南紫色土区、西南岩溶区。

防灾减灾价值总体偏小，对单位面积防灾减灾价值进行排序，从高到低依次是：南方红壤区＞北方土石山区＞东北黑土区＞青藏高原区＞北方风沙区＞西北黄土高原区＞西南紫色土区＞西南岩溶区，变化幅度在 0.01～0.88 元/m² 内。

表 12-3   不同类型区防灾减灾价值

区域 项目	东北黑土区	北方风沙区	北方土石山区	西北黄土高原区	南方红壤区	西南紫色土区	西南岩溶区	青藏高原区	全国
防灾减灾价值/亿元	2134.13	808.05	3399.10	358.80	8542.74	127.31	60.24	1287.45	16717.82
在区域总价值中占比/%	6.97	5.62	10.78	2.10	16.13	0.46	0.15	0.91	4.71
单位面积价值/(元/m²)	0.22	0.07	0.56	0.07	0.88	0.03	0.01	0.08	

12.2.3 改善生态价值量

2016 年度全国水土保持功能价值中改善生态价值量的贡献为 38.49%，为 13.67 万亿元。各个类型区中，青藏高原区最高为 4.41 万亿元，第二为南方红壤区 2.48 万亿元，第三为东北黑土区 1.90 万亿元，第四至第八分别为西南岩溶区、北方土石山区、西南紫色土区、北方风沙、西北黄土高原区，见表 12-4。

从保护水土资源价值在区域水土保持功能价值中所占比例来看，东北黑土区最高，达到 62.14%；北方风沙区接近一半，达到 49.91%；南方红壤区第三，为 46.91%；第四至第八分别为西南岩溶区、西南紫色土区、北方土石山区、青藏高原区、西北黄土高原区。

从不同区域来看，单位面积改善生态价值量最高为：西南岩溶区 2.67 元/m²，最低为北方风沙区 0.64 元/m²。按照从高到低排序，依次为西南岩溶区＞青藏高原区＞南方红壤区＞西南紫色土区＞东北黑土区＞北方土石山区＞西北黄土高原区＞北方风沙。

表 12-4   不同类型区改善生态价值

区域 项目	东北黑土区	北方风沙区	北方土石山区	西北黄土高原区	南方红壤区	西南紫色土区	西南岩溶区	青藏高原区	全国
改善生态价值/万亿元	1.90	0.72	1.11	0.36	2.48	1.05	1.64	4.41	13.67
在区域总价值中占比/%	62.14	49.91	35.11	20.98	46.91	38.22	36.86	31.24	38.49
单位面积价值/(元/m²)	1.96	0.64	1.82	0.75	2.55	2.37	2.67	2.58	

12.3　结论与建议

12.3.1　评估结论

基于 43 个样本点实测资料和调查数据，测算出全国 8 个水土保持一级区年度水土保持功能价值和全国年度水土保持功能价值，基本上反映了水土保持功能价值的总体趋势。2016 年，全国水土保持功能价值为 35.52 万亿元。其中，保护水土资源价值、防灾减灾价值、改善生态价值分别为 20.17 万亿元、1.67 万亿元、13.67 万亿元。

（1）从全国水土保持一级分区来看，生态环境重要、地貌植被丰富多样、生态系统复杂多样的典型县普遍较高；反之则比较低。其中，青藏高原区单位面积水土保持功能价值为最高，达到 8.25 元/m²，该区青海省河南蒙古族自治县高达 9.9 元/m²。北方风沙区单位面积水土保持功能价值最低，为 1.29 元/m²。

（2）从全国来看，单位面积水土保持功能价值为 4.77 元/m²，8 个一级分区单位面积水土保持功能价值在 1.29～8.25 元/m² 范围内。本研究成果可以为目前正在执行的水土保持补偿费征收标准提供支撑（≤1.4 元/m²）。

（3）不考虑水土保持社会效益和经济效益，2016 年度全国水土保持功能价值为 35.52 万亿元。同期比较，据国家林业局和有关省区公报，2016 年全国森林生态服务价值为 15 万亿元，福建省为 0.8 万亿元，上海市为 0.013 万亿元。从前述分析可看出，区域水土保持功能包括保护水土资源、防灾减灾和改善生态等直接价值和间接价值，理论上应该大于同期的森林生态服务价值。本研究成果再次证明了这一理论分析。

12.3.2　对策与建议

基于对不同分区水土保持功能价值评价成果，在预防和治理水土流失、维护和提高区域水土保持功能方面，对不同区采取不同防护对策。

（1）东北黑土区。该区是我国唯一拥有宝贵黑土资源的区域。区域水土保持功能价值总量和单位面积水土保持功能价值排序相对靠后，提升区域水土保持功能价值潜力非常大。另外，东北黑土区水土保持功能价值中改善生态价值贡献最高，占 62.14%，保护水土资源价值只占 30.89%，这在 8 个一级分区中也是最低的。黑土是我国非常宝贵的自然资源，由于历史和自然原因，东北黑土区黑土资源每年流失还比较严重。因此，需要加大对该区的投入和保护力度，有效控制水土流失，增强区域保护水土资源功能，加强对黑土资源的保护，治理漫川漫岗区的坡耕地和侵蚀沟，加强农田水土保持，实施农林镶嵌区退耕还林还草和农田防护，强化自然保护区、天然林保护区、重要水源地的预防和监督管理。

（2）北方风沙区。该区面积在 8 个一级分区中最大，但是区域水土保持功能价值总量和单位面积水土保持功能价值排序都为最小，单位面积水土保持功能价值约为青藏高原区的 1/6，提升区域水土保持功能价值潜力十分巨大，但受历史原因和自然条件限制，该区水土保持生态文明建设任务较为艰巨，生态环境改善需要一个较为漫长的过程。重点以预防为主，实施退牧还草工程，保护和修复山地森林植被，防治草场退化、土地风蚀与沙化。综合防治农牧交错地带水土流失，建立绿洲防风固沙体系，加强能源矿产开发的监督管理。

（3）北方土石山区。该区水土保持功能价值总量和单位面积水土保持功能价值排序分别为第四和第五，区位特征决定了该区自然地理条件相对较差，区域水土保持功能价值在全国属于中等偏下水平。该区保护水土资源价值、防灾减灾价值、改善生态价值分别占区域总价值的 53.56％、11.01％、35.43％。该区除了采取传统的水土流失防治措施防控水土流失外，应注重保护和建设山地森林草原植被，加强山丘区小流域综合治理、清洁小流域建设以及微丘岗地和平原沙土区农田水土保持工作，加强水土保持监督管理，重视各项水土保持措施的生态效益，尤其在增强水源涵养能力、增加生物多样性等方面多加考虑，以利于区域水土保持功能的有效发挥。

（4）西北黄土高原区。该区水土保持功能价值总量和单位面积水土保持功能价值排序分别为第七和第六，区域水土保持功能较弱。西北黄土高原区是我国水土流失较为严重的区域之一，经过长期不懈治理，生态环境大有改善，但是从本次评价结果来看，依然需要加大投入力度提高区域的自我修复能力。从测算结果来看，区域保护水土资源价值占区域水土保持功能价值总值的区域自然生态系统 76.92％，为 8 个区之首，比位居第二的青藏高原区高出 8.17％。防灾减灾价值和改善生态价值只占 2.1％和 20.98％。该区水土流失治理任务依然艰巨，在制定防治决策时，不仅要考虑增强区域保护水土资源功能，也要同时考虑区域防灾减灾和改善生态功能的提升。重点实施小流域综合治理，建设以梯田和淤地坝为核心的拦沙减沙体系，保障黄河下游安全。同时，发展农业特色产业，促进大面积生态自然修复，巩固退耕还林还草成果，保护和建设林草植被，防风固沙，控制沙漠南移。

（5）南方红壤区。该区水热资源丰富，国土面积比较大，区域水土保持功能价值总量和单位面积水土保持功能价值排序分别为第二和第四，区域水土保持功能总体较强。该区也还存在较为严重的水土流失，如崩岗等。该区人口分布相对密集，经济较为发达，人为水土流失也相对比较严重，需要采取措施积极防治。该区保护水土资源价值约为水土保持功能价值总量的 1/3。在制定水土流失防治决策中，应重点考虑提升区域生态系统保土保肥保水功能来提升全区水土保持功能。重点加强山丘区坡耕地改造及坡面水系工程配套，控制林下水土流失，实施侵蚀劣地和崩岗治理。保护和建设森林植被，提高水源涵养能力，推动城市周边地区清洁小流域建设，加强水土保持监督管理，维护长江、珠江三角洲等重要城市群的人居环境。

（6）西南紫色土区。该区面积只有 51 万 km²，区域水土保持功能价值总量和单位面积水土保持功能价值排序分别为第六和第三。该区自然地理条件较好，区域水土保持功能总体较强。该区防治减灾价值只占水土保持功能价值总量的 0.46%，可能是由于实际观测数据中没有监测到流域产沙等因素的影响。该区主要是在保持现有水土保持功能较强态势的基础上，加强以坡耕地改造及坡面水系工程配套为主的小流域综合治理，进一步巩固退耕还林还草成果，加强水土保持监督管理，有效防治人为水土流失以及三峡库区等重要水源地和江河源头区的预防保护，建设与保护植被，提高水源涵养能力，大力推进重要水源地清洁小流域建设，维护水源地水质。

（7）西南岩溶区。该区水土保持功能价值总量和单位面积水土保持功能价值排序分别为第三和第二，区域水土保持功能较强，单位面积水土保持功能价值为 6.5 元/m²，仅次于青藏高原区。区域保护水土资源价值、防灾减灾价值、改善生态价值分别占比为 58.74%、0.15%、41.11%。防灾减灾价值占比较小，可能是由于该区地下漏失严重，地面无法监测到产沙原因所致。该区水热资源丰富，但是石漠化也很严重。因此，为保持生态系统稳定发挥水土保持功能，需要积极防治水土流失，重点开展坡耕地改造并配套小型蓄水工程，强化岩溶石漠化治理，保护和抢救耕地资源，提高耕地资源的综合利用效率，同时加强水电、矿产资源开发的水土保持监督管理，注重自然修复，推进陡坡耕地退耕，保护和建设林草植被。

（8）青藏高原区。该区水土保持功能价值总量和单位面积水土保持功能价值量都位居第一，且该区自然地理条件十分特殊，区域生态环境一旦破坏，恢复十分困难甚至不可恢复，有鉴于此，对该区要在现有保护基础上，进一步加大保护力度，重点是以维护独特的高原生态系统为出发点，加强草场和湿地的保护，治理退化草场，提高江河源头区水源涵养能力，综合治理河谷周边水土流失，促进河谷农业生产，在"三江源"等江河源头地区严格限制或禁止可能造成水土流失的生产建设活动，维护区域水土保持功能。

参 考 文 献

[1] 李艭君. 经济学的价值概念与哲学的价值概念 [J]. 中共天津市委党校学报，1999（4）：76.

[2] 李金昌. 论环境价值的概念计量及应用 [J]. 国际技术经济研究学报，1995（4）：12 - 17.

[3] Krutilla J V，Fisher A C. The economics of natural environments：Studies in the valuation of commodity and amenity resources [M]. Washington D C：Resources for the Future，1985.

[4] Boland J J，Freeman A M. The benefits of environmental improvement：Theory and practice [M]. Baltimore，Maryland：The Johns Hopkins University Press，1979.

[5] Holdren J，Ehrlich P. Human population and global environment [J]. Amer. Sci. ，1974，62：282 - 292.

[6] Ehrlich P R，Holdren A H. Extinction：the causes and consequences of the disappearance of species [M]. New York：Random House，1981.

[7] Daily G C. Nature's services：societal dependence on natural ecosystems [M]. Washington：Island Press，1997.

[8] Costanza R. The value of Ecosystem Service and Nature Capital in the world [J]. Nature，1997（5）：387 341.

[9] 赵海凤，徐明. 生态系统服务价值计量方法与应用 [M]. 北京：中国林业出版社，2016.

[10] 柳仲秋. 水土保持功能研究 [J]. 科学之友，2010（10）：110 - 111.

[11] 余新晓，吴岚，饶良懿，等. 水土保持生态服务功能价值估算 [J]. 中国水土保持科学，2008（2）：83 - 86.

[12] 张彪，李文华. 森林生态系统的水源涵养功能及其计量方法 [J]. 生态学杂志，2009（3）：529 - 534.

[13] 鲁克新，李占斌，李鹏，等. 基于径流侵蚀功率的流域次暴雨产沙模型研究 [J]. 长江科学院院报，2008（3）：31 - 34.

[14] 霍竹，邵明安. 黄土高原水蚀风蚀交错带降水及灌木林冠截流特性研究 [J]. 干旱地区农业研究，2005（5）：88 - 92.

[15] 司今，韩鹏，赵春龙. 森林水源涵养价值核算方法评述与实例研究 [J]. 自然资源学报，2011（12）：2100 - 2110.

[16] 黎燕琼，郑绍伟，龚固堂，等. 生物多样性研究进展 [J]. 四川林业科技，2011（4）：12 - 19.

[17] 康玲玲，李进敏. 伊克昭盟项目区水土保持的生态效益 [J]. 生态学杂志，2003，22（5）：142 - 145.

[18] 常虹，翟琇，孙海莲，等. 内蒙古西乌珠穆沁旗草地防风固沙功能价值研究 [J]. 畜牧与饲料科学，2017.38（2）：45 - 49.

［19］ 张宇. 宁夏草地生态系统服务价值评估［D］. 杨凌：西北农林科技大学，2012：9－12.

［20］ 梁洁，徐艳红，姚喜军，等. 基于生态足迹的鄂尔多斯市生态补偿标准量化研究［J］. 内蒙古师范大学学报（哲学社会科学版），2015（2）：125－129.